AF544190

EUL
VERLAG

Untersuchungen zur endokrinologischen Regulation der Gonadenreifung von Zandern (*Sander lucioperca*) durch exogene Faktoren zur kontrollierten Reproduktion bei Haltung in Warmwasserkreislaufanlagen

Dissertation

zur Erlangung des akademischen Grades

Doctor rerum naturalium

(Dr. rer. nat.)

im Fach Biologie

Mathematisch-Naturwissenschaftliche Fakultät I

der Humboldt-Universität zu Berlin

Von

Dipl.- Biol. Björn Hermelink

geboren am 15.06.1973 in Ibbenbüren

Präsident der Humboldt-Universität zu Berlin

Prof. Dr. Jan-Hendrik Olbertz

Dekan der Mathematisch-Naturwissenschaftlichen Fakultät I

Prof. Dr. Stefan Hecht

Diese Studie wurde am Leibniz-Institut für Gewässerökologie und Binnenfischerei, Berlin durchgeführt

Berlin, 2012

Diese Studie wurde durch die Deutsche Forschungsgemeinschaft gefördert

(SCHU 2308/1-1 AOBJ: 530719)

Dr. Björn Hermelink

Untersuchungen zur endokrinologischen Regulation der Gonadenreifung von Zandern *(Sander lucioperca)* durch exogene Faktoren zur kontrollierten Reproduktion bei Haltung in Warmwasserkreislaufanlagen

Bibliografische Information der Deutschen Nationalbibliothek

Die Deutsche Nationalbibliothek verzeichnet diese Publikation in der Deutschen Nationalbibliografie; detaillierte bibliografische Daten sind im Internet über <http://dnb.d-nb.de> abrufbar.

Dissertation, Humboldt-Universität zu Berlin, 2012

ISBN 978-3-8441-0363-2
1. Auflage Oktober 2014

JOSEF EUL VERLAG GmbH
Brandsberg 6
53797 Lohmar
Tel.: 0 22 05 / 90 10 6-6
Fax: 0 22 05 / 90 10 6-88
E-Mail: info@eul-verlag.de
http://www.eul-verlag.de

Bei der Herstellung unserer Bücher möchten wir die Umwelt schonen. Dieses Buch ist daher auf säurefreiem, 100% chlorfrei gebleichtem, alterungsbeständigem Papier nach DIN 6738 gedruckt.

Für meinen Großvater und meine geliebte Frau

Bedanken möchte ich mich bei:

Herrn Prof. Dr. Werner Kloas und Prof. Dr. Carsten Schulz für die Bereitstellung des Forschungsthemas,

allen Kollegen der Abteilung V des IGB, insbesondere Mathias Kunow, Bernhard Rennert, Ingo Cuppock, Klaus Knopf, Antje Tillack, Ilka Lutz, Claudia Lorenz, Amir Abbas Bazyar Lakeh, Sascha Behrens, Torsten Preuer, Andrea Zikova, Frauke Hoffmann, Martin Kocour, Hanna Kroupova und Thomas Meinelt für die gute Zusammenarbeit und die angenehme Arbeitsatmosphäre,

drei ganz besonders hilfreichen Kollegen, ohne die diese Arbeit wohl nie das Licht der Welt erblickt hätte:

Wibke Joseph, Achim Trubiroha und Sven Würtz

sowie

meiner kleinen Familie, die diese lange Durststrecke mit mir durchgestanden hat.

Oktober 2012

Inhaltsverzeichnis

Tabellenverzeichnis

Abbildungsverzeichnis

Abkürzungsverzeichnis

°C	Grad Celsius
µL	Mikroliter
11-KT	11-Ketotestosteron
DHP	17α,20β-Dihydroxy-4-pregnen-3-on
AMV-RT	Avian myeloblastis virus Reverse Transkriptase
Anova	Varianzanalyse
cDNA	Komplementäre Desoxyribonukleinsäure
C_T	cycle threshold
D	Dunkel
DEPC	Diethylpyrocarbonat
DNase	Desoxyribonuklease
dNTP	Desoxyribonukleosidtriphosphate
E2	17β-Estradiol
EDTA	Ethylendiamintetraessigsäure
EIA	Enzym Immun Assay
EtBr	Ethidiumbromid
EtOH	Ethanol
FAO	Food and Agricultural Organization of the United Nations
FSH	Follikel stimulierendes Hormon
FSHβ	Follikel stimulierendes Hormon, β-Untereinheit
FU	Fluoreszenz-Einheit

GC-Gehalt	Guanin-Cytosin-Gehalt
GnRH	Gonadotropin-Releasing-Hormon
GSI	gonado-somatischer Index
h	Stunde
H	Hell
hCG	humanes Choriongonadotropin
HPG	Hypothalamus-Hypophysen-Gonaden Achse
IGB	Institut für Gewässerökologie und Binnenfischerei
K	Konditionsfaktor
L	Liter
LH	luteinisierendes Hormon
LHβ	luteinisierendes Hormon, β-Untereinheit
Lsg	Lösung
M	Molar
MEK	Methylethylketon
$MgCl_2$	Magnesiumchlorid
min	Minute
mL	Milliliter
mRNA	messenger Ribonukleinsäure
MS222	Tricain-Methansulfonat
NCBI	National Center for Biotechnology Information
ng	Nanogramm
nt	Nukleotide
Oligo(dt)	Oligo Desoxythymidine

PCR	Polymerase Kettenreaktion
pg	Pikogramm
RIN	RNA Integritätsnummer
rpl8	Ribosomales Protein L8
RT	Reverse Transkription
RT-PCR	Echtzeit Polymerase-Kettenreaktion
SD	Standardabweichung
sec	Sekunde
T	Testosteron
Tris	Tris(hydroxymethyl)-aminomethan
tRNA	Transfer Ribonukleinsäure
V1	Versuchsdurchgang 1
V2	Versuchsdurchgang 2
V3	Versuchsdurchgang 3
VE	Versuchseinheit
VU	Volumeneinheit

Zusammenfassung

Der Europäische Zander (*Sander lucioperca*) ist ein überaus populärer Sport- und Speisefisch. Durch eine zunehmende Reoligotrophierung seiner Einstandsgewässer und den zunehmenden Befischungsdruck sind die Fangzahlen seit Jahren rückläufig. Um zum einen den Bestand zu schonen und zum anderen die steigende Nachfrage befriedigen zu können, war es nötig sich umfassend mit dem Reproduktionszyklus des Zanders auseinanderzusetzen. Die Produktion von Zandern in der Aquakultur ist noch nicht dazu in der Lage größere Massen zu liefern. Hier wird der Zander vornehmlich als Beifisch in der Teichwirtschaft produziert. Es gibt Bestrebungen den Zander auch außerhalb seiner natürlichen Laichzeit, möglichst in geschlossenen Kreislaufanlagen, zu reproduzieren. Die bisher darauf ausgerichtete Forschung bezog sich dabei primär auf eine Vorverlegung der Reproduktion, was mit Hilfe von Hormoninjektionen bewerkstelligt werden konnte. Da dieses nur schwer mit dem deutschen Tierschutz und Arzneimittelgesetz in Einklang zu bringen ist, war es nötig den Einfluss exogener Faktoren auf den Reproduktionszyklus zu untersuchen.

Dafür wurden in der vorliegenden Studie drei Versuchsreihen durchgeführt, um zu evaluieren ob sich die Reproduktion des Zanders durch ein spezielles Temperaturregime oder durch eine Kombination aus Temperatur- und Lichtregime steuern lässt. Mit Hilfe der ersten beiden Versuchsreihen konnte gezeigt werden, dass eine Kühlung von Zandern von 23°C auf 12°C für 3 Monate ausreichend ist, um in noch nicht geschlechtsreifen Tieren die Pubertät auszulösen. Eine angeschlossene Hälterung bei 14°C für 3 - 4 Monate fördert dann die endgültige Reifung der Gameten in männlichen wie auch in weiblichen Tieren. Temperaturen über 14°C führten zu einem Abbruch der Gametogenese.

Erstmalig konnte in diesem Zusammenhang der Einfluss der beiden Gonadotropine (anhand der mRNA-Expression der β-Untereinheiten), dem luteinisierenden Hormon (LH) und dem Follikel stimulierenden Hormon (FSH) auf den Reifungsprozess und den Konzentrationsverlauf der Sexualsteroide im Plasma gezeigt werden. Bei den meisten Teleosteer wird die gonadale Reifung durch ansteigende Level von FSH stimuliert, während im weiteren Verlauf der Gametogenese diese Aufgabe vom LH übernommen wird. Die mRNA-Expressionsanalyse zeigte beim Zander jedoch ein davon abweichendes Bild. In Zandern stieg im frühen Stadium der Spermatogenese (Milchner) bzw. Vitellogenese (Rogner) nicht nur die mRNA-Expression von FSHβ, sondern auch die von LHβ signifikant an. Dies wurde begleitet von einem Ansteigen der Konzentrationen von 17β-Estradiol (E2) und Testosteron (T) in den Rognern und von einer signifikanten Erhöhung der Level an T und 11-Ketotestosteron (11-KT) in den Milchner. Erstaunlicherweise konnte in Rognern ebenfalls erhöhte Konzentrationen von 11-KT und in Milchnern von E2 gefunden werden. Ein Auftreten dieser Hormone, abhängig von der Reifung in den beiden Geschlechtern, war bisher vom Zander nicht bekannt. Aktuelle Studien legen den Schluss nahe, dass 11-KT die Aufnahme von Lipiden während der Vitellogenese reguliert. Die Rolle des E2 in der Spermatogenese ist bisher noch nicht eindeutig evaluiert, aber auch hier kann spekuliert werden, dass E2 entscheidende Prozesse innerhalb und nach Beendigung der Spermatogenese steuert wie z. B. die Synthese des Retinol-Bindungs-Proteins oder der Zusammensetzung der Seminalflüssigkeit.

Im 3. Versuchsdurchgang sollte der Einfluss einer wechselnden Photoperiode (zusammen mit dem entwickelten Temperaturprotokoll aus den beiden vorhergegangenen Versuchsreihen) auf die Gametogenese adulter Tiere untersucht werden. Auch hier konnte anhand von, mittels Biopsie gewonnener Oozyten, Messungen der Konzentrationsverläufe der Sexualsteroide und der mRNA-Expression der Gonadotropine, ein regulierender Effekt durch die Photoperiode nachgewiesen werden. Zander, welche nach einer Kühlphase bei 12°C Temperaturen von 14°C und Belichtungszeiten von 14 h/Tag ausgesetzt waren, beendeten die Gametogenese schneller als Tiere, welche kürzeren Belichtungszeiten ausgesetzt waren. Generell zeigte sich aber, dass für die Steuerung der Reproduktion des Europäischen Zanders der Faktor Temperatur eine weitaus entscheidendere Rolle spielt als eine Veränderung der Photoperiode.

Durch die durchgeführten Versuchsreihen konnte nicht nur erstmalig ein spezielles Photo-Temperatur-Protokoll entwickelt werden, welches es ermöglicht Zander in geschlossenen Kreislaufanlagen zu jeder Zeit des Jahres in der Gametogenese zu induzieren und diese zu vollständig ablaufen zu lassen, sondern es wurden auch erstmalig die Konzentrationsverläufe der Sexualsteroide und die Expressionsraten der Gonadotropine während der Gametogenese gemessen. Somit ist zum einen der Weg frei für eine sogenannte out-of-season Produktion und zum anderen steht zum allerersten Mal für den Zander ein basaler Datensatz der die Reproduktion regulierenden Hormone zur Verfügung.

1. Einleitung

Die Produktion von Fischen, Muscheln, Algen und Krebstieren trägt in immer stärkerem Maße zur Proteinversorgung der Weltbevölkerung bei. Während die Summe der weltweiten Anlandungen aus der Fischerei seit Jahren bei ungefähr 100 Millionen Tonnen stagniert, nimmt die Produktion in der Aquakultur stetig zu (Klinkhardt, 2010). Wurden im Jahr 1997 nur ca. 34 Millionen Tonnen Lebensmittel durch die Aquakultur erzeugt, so waren es 2007 schon knapp 65 Millionen Tonnen (FAO 2007). Somit ist dieser Sektor der Lebensmittelproduktion der am stärksten wachsende überhaupt. Weltweit führend sind hier besonders die Länder des asiatischen Raums, allen voran China mit ca. 67 % Anteil an der weltweit in Aquakultur produzierten Biomasse, gefolgt von Indien und Indonesien. Nimmt man alle Spezies, welche in der Aquakultur produziert werden, zusammen, sind schnell Zahlen jenseits der 500 erreicht (FAO 2012). Schon aufgrund dieser hohen Artenzahl sind die dabei zur Anwendung kommenden Produktionsformen äußerst mannigfaltig. Die Spanne reicht von extensiv bewirtschafteten Teichen, über freischwimmende Netzgehege, weiter zu Teichanlagen, bis hin zu geschlossenen Kreislaufsystemen.

Während in der Top Ten der in Aquakultur produzierten Fischarten die vordersten Plätze ausnahmslos von Karpfenartigen belegt werden und die in Deutschland so beliebten Arten wie der Atlantische Lachs (*Salmo salar*) und der Pangasius (*Pangasius hypothalamus*) nur die Plätze 8 und 9 belegen (Klinkhardt, 2010), so werden besonders die auch bei uns vornehmlich durch die Fischerei bereitgestellten Arten wie Aal (*Anguilla anguilla*) und Europäischer Zander (*Sander lucioperca*) als sogenannte „Brot und Butter" Fische auch für die aquakulturelle Produktion interessant. Sie sind beliebt und besitzen trotz der relativ hohen Marktpreise eine starke Akzeptanz beim Verbraucher. Dabei gilt, neben einer artgerechten Ernährung, die künstliche Reproduktion und die Kenntnis der sie regulierenden Faktoren als Grundpfeiler einer nachhaltigen Aquakultur einer jeden Zielart. Aufgrund der guten Wachstumsleistungen, seines Wohlgeschmacks und der steigenden Nachfrage ist gerade der Zander in den letzten Jahren stark in den Focus der Aquakultur und der Aquakulturforschung gerückt. Er wird aber nicht nur wegen seines Fleisches geschätzt, er ist auch ein beliebter Sportfisch und hat sich überdies als hervorragendes Werkzeug der Biomanipulation, im Zuge der Seenrestaurierung bewährt (Barthelmes 1988; Mehner et al., 2001; Heidrich and Zienert, 2005; Müller-Belecke and Zienert, 2008; Zakes and Demska-Zakes, 2009).

1.1. Der Europäische Zander (*Sander lucioperca*)

Der Zander ist der größte Vertreter der Perciden des europäischen Süsswassers. Umgangssprachlich wird er auch als Sander, Schill, Fogasch oder Hechtbarsch bezeichnet.

1.1.1. Artbeschreibung

Abbildung 1: Europäischer Zander (*Sander lucioperca*).

Der Europäische Zander (*Sander lucioperca*) (Abb. 1) wird zur großen Familie der Percidae (Echte Barsche) gezählt. Sein natürliches Verbreitungsgebiet erstreckt sich über Norwegen, Finnland bis nach Sibirien, dem Kaspischen Meer und dem Donaueinzugsgebiet, bis zum Balkan (Lappalainen, Dörner and Wysujack, 2003; Knaus et al., 2008). Als westliche Grenze seines Verbreitungsgebietes gilt die Elbe (Steffens, 1986). Durch Besatzmaßnahmen wurden aber auch in England, der westlichen Türkei und Marokko sich selbst reproduzierende Populationen geschaffen (Lappalainen, Dörner and Wysujack, 2003). Der Zander besitzt einen für Räuber des Pelagials typischen spindelförmigen Körper. Der Rücken ist meist graugrün, die Bauchseite dagegen weiß gefärbt. An den Flanken trägt der Zander 8 – 12 dunkle Querbinden. Die Rückenflosse ist, wie bei den meisten Perciden, zweigeteilt und wird im vorderen Flossenbereich von 13 - 24 Hart- und im hinteren Flossenbereich von 18 – 24 Weichstrahlen gestützt. Markant sind die charakteristischen dunklen Flecken, welche die Rückenflossen überziehen. Die Brust- und Bauchflossen sowie ein Teil der Schwanzflosse ist Weiß umsäumt. Der Zander trägt die bei Perciden üblichen Ctenoidschuppen (Kammschuppen). Sein Maul ist endständig und mit vielen kleinen Hechelzähnen besetzt. Am Ende des Ober- und Unterkiefers trägt er jeweils 2 Fangzähne, die sogenannten Hundszähne. Die relativ großen Augen sind mit einem retinalen *Tapetum lucidum* ausgestattet. Dieses reflektiert eingefallenes Licht, so dass es die Retina ein zweites Mal passieren kann und somit die Funktion eines Restlichtverstärkers erfüllt (Ali et al., 1977). Zander können Längen von über 1 m (maximal 1,3 m) und Gewichte jenseits von 10 kg (max. 19 kg) erreichen (Brämick et al., 1999; Kottelat and Freyhof, 2007).

1.1.2. Biologie

Als pelagischer Raubfisch hält sich der Zander bevorzugt in tiefen langsam fließenden Flüssen, großen Seen und Haffen mit festem Untergrund und möglichst trübem Wasser auf. In klarem Wasser ist der Zander seltener anzutreffen, da er hier in stärkerer Nahrungskonkurrenz zu anderen Topprädatoren wie Hecht und Rapfen steht. Seiner Beute stellt er meist in kleinen Trupps mit Eintritt der Dämmerung nach. Sein Beutespektrum ist dabei ausgesprochen vielfältig. Typische Beutefische sind Barsche (*Perca fluviatilis*), Rotaugen (*Rutilus rutilus*), Güstern (*Blicca bjoerkna*), Ukelei (*Alburnus alburnus*) und Stint (*Osmerus eperlanus*), aber auch eigene Artgenossen werden bejagt. Männliche Zander (Milchner) erreichen die Geschlechtsreife (Pubertät) meist in jüngeren Jahren und mit einer geringeren Größe als weibliche Tiere (Rogner). Dabei sind die Milchner für gewöhnlich mindestens 2, Rogner mindestens 3 Jahren alt. Der Eintritt in die Pubertät, nach Taranger et al. (2010) und Carillo et al. (2009) definiert als der Zeitraum in der Entwicklung, ab dem ein Individuum in der Lage ist sich zum ersten Mal zu reproduzieren, ist stark abhängig von äußeren Faktoren. Tiere aus südlicheren Regionen werden früher, solche aus nördlicheren Regionen eher später geschlechtsreif. Schon im zeitigen Frühjahr (Februar bis März) beginnen die Rogner mit der Laichwanderung. Dabei legen sie Entfernungen von bis zu 250 km zurück (Salminen et al., 1992; Lappalainen, Dörner and Wysujack, 2003). In einer Tiefe von 1 – 3 m beginnen sie dann mit dem Bau des 5 – 10 cm tiefen und ca. 0,5 m Ø breiten Nests auf möglichst hartgründigen Boden. Das Nest wird mit Hilfe der Schwanzflosse von Schlamm und Unrat befreit. Für gewöhnlich bevorzugt der Milchner innerhalb des Nests gesonderte Strukturen wie Wurzeln, Baumstümpfe oder Makrophytenbestände (Schlumberger and Proteau 1996, Lappalainen, Dörner and Wysujack, 2003). Das eigentliche Laichgeschäft findet dann zwischen April und Juni bei Wassertemperaturen zwischen 8°C und 16°C statt. Das Weibchen wird durch einen kurzen Balztanz zur Ablage der Eier animiert, die dann vom Männchen befruchtet werden (Lappalainen, Dörner and Wysujack, 2003). Die dabei abgegebene Menge an Eiern pro Rogner kann je nach Größe und Ernährungszustand zwischen 150000 bis 200000 Eiern pro kg/Körpergewicht betragen. Der Milchner bewacht und verteidigt nach der Fertilisation das Gelege bis zum Schlupf der Larven, was je nach Wassertemperatur ca. 1 Woche (110 Tagesgrade) dauern kann (Lappalainen, Dörner and Wysujack, 2003). Die frisch geschlüpften Larven ernähren sich zunächst vornehmlich von Zooplankton und Benthosorganismen, bis sie zur piscivoren Ernährungsform wechseln (Mehner et al., 1996; 1998).

Durch die zunehmende Reoligotrophierung seiner bevorzugten Einstandsgewässer und der verstärkten Nachfrage sind die Bestände des Zanders und damit entsprechend auch die Fangzahlen zurückgegangen (Knaus et al., 2005) (Abb. 2).

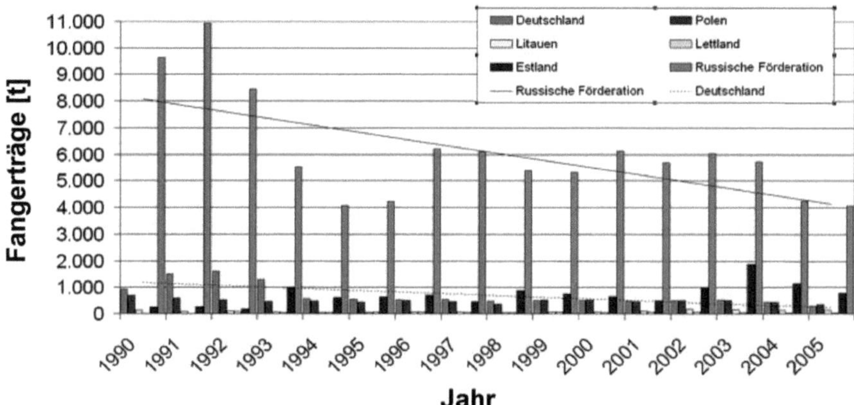

Abbildung 2: Fangerträge des Zanders (*Sander lucioperca*) von 1990 – 2005 (Russische Föderation, Baltische Staaten und Deutschland) aus Knaus et al., 2005.

Der derzeitige Bedarf wird deshalb z. Zt. vornehmlich durch Frostware aus Osteuropa, mit Russland, Litauen und Polen als Hauptexporteuren, gedeckt (Böhm, 2005, Knaus et al., 2005). Aber auch hier sind, laut FAO (2008) und Knaus et al., (2005), die Fangerträge an Zandern rückläufig (Abb. 2). Deshalb erscheint die nachhaltige Produktion von Zandern in Aquakultur als einzige Möglichkeit den bestehenden Bedarf in der Zukunft zu decken.

1.1.3. Stand der Forschung

Um Zander überhaupt unter kontrollierten und wirtschaftlichen Bedingungen bis zur Schlachtreife aufzuziehen, war es nötig neben der praktizierten Ernährungsform mit Futterfisch geeignete Formulierungen für Trockenfuttermischungen zu entwickeln, die der Ernährungsphysiologie des Zanders Rechnung tragen. Gerade in diesem Bereich wurden dafür durch eine Vielzahl von entsprechenden Studien die Voraussetzungen geschaffen (Zienert and Wedekind, 2001; Schulz et al., 2001; Heidrich and Zienert, 2005). Es konnte gezeigt werden, dass in Kreislaufanlagen gehaltene Zander, welche Trockenfutter erhielten, deutlich höhere Zuwachsraten erzielten als Tiere natürlicher Gewässer (Schulz et al., 2004). Auch die Hürde der Aufzucht von Zanderlarven, inklusive der Umstellung von Naturnahrung (Copepoden, Chironomidenlarven oder Artemianauplien) auf Trockenfutter, ist mittlerweile durch zahlreiche Forschungsbemühungen möglich geworden (Baer et al., 2001; Schulz et al., 2004; Heidrich and Zienert, 2005; Knaus and Gallandt, 2010). Als problematisch ist nach wie vor allerdings die Erzeugung der Zanderbrut selbst anzusehen, die teilweise mit einer hohen Sterblichkeit der Elterntiere einhergeht (Zakes and Demska-Zakes, 2009). Eine gezielte Reproduktion des Zanders ist deshalb Gegenstand der aktuellen Forschung. Z. Zt. werden überwiegend potentielle Laicher natürlichen Gewässern entnommen (Zienert and Wedekind, 2001; Ronyai, 2007) und auf verschiedenen Wegen zum Ablaichen gebracht. Am weitesten verbreitet ist dabei die Verbringung der Tiere in vorbereitete Teiche, Netzgehege oder Rundbecken (Zakes and Demska-Zakes, 2009) (Abb. 3), welche mit sogenanntenZandernester bestückt sind. Dabei handelt es sich zumeist um Gebilde aus Reisig (vornehmlich Wacholderzweige), Kokosfasern (besonders bewährt haben sich gewöhnliche Fußabstreifer) oder Kunststoffbürsten (Zienert and Wedekind, 2001). Um die Tiere in der finalen Reifung zu synchronisieren und zum Ablaichen zu bringen, werden diesen dann stimulierende Hormone injiziert. Am geläufigsten ist dabei die Gabe eines Extraktes aus Karpfenhypophysen, aber auch synthetische Hormone wie das humane Choriongonadotropin (hCG), das Gonadotropin-Releasing-Hormon (GnRH) bzw. entsprechende Analoga, wie z. B. Ovopel (welches zusätzlich einen Dopamin Antagonisten, (Metoclopramid) enthält, um die ungewollte Freisetzung von Dopamin und die damit einhergehende Inhibierung der GnRH regulierten Effekte zu unterbinden) kommen zum Einsatz (Abb. 3). Die Hormongaben werden je nach Reifestatus auf ein bis mehrere intramuskuläre Injektionen verteilt (Zakes and Szcepkowski, 2004; Ronyai, 2007; Zakes, 2007; Zakes and Demska-Zakes, 2009). Problematisch daran ist, dass diese Art der Reproduktion durch Hormongaben allerdings in mehreren Ländern, darunter Deutschland, nur durch einen Tierarzt zulässig ist (Bräuer and Emmerich, 2004). Desweiteren lässt sich dieses Verfahren auch mit keinem der in Deutschland und der EU gebräuchlichen Ökolabels (Aquaculture Stewardship Council, dem staatlichen Bio Siegel und dem Naturland Siegel) vereinbaren.

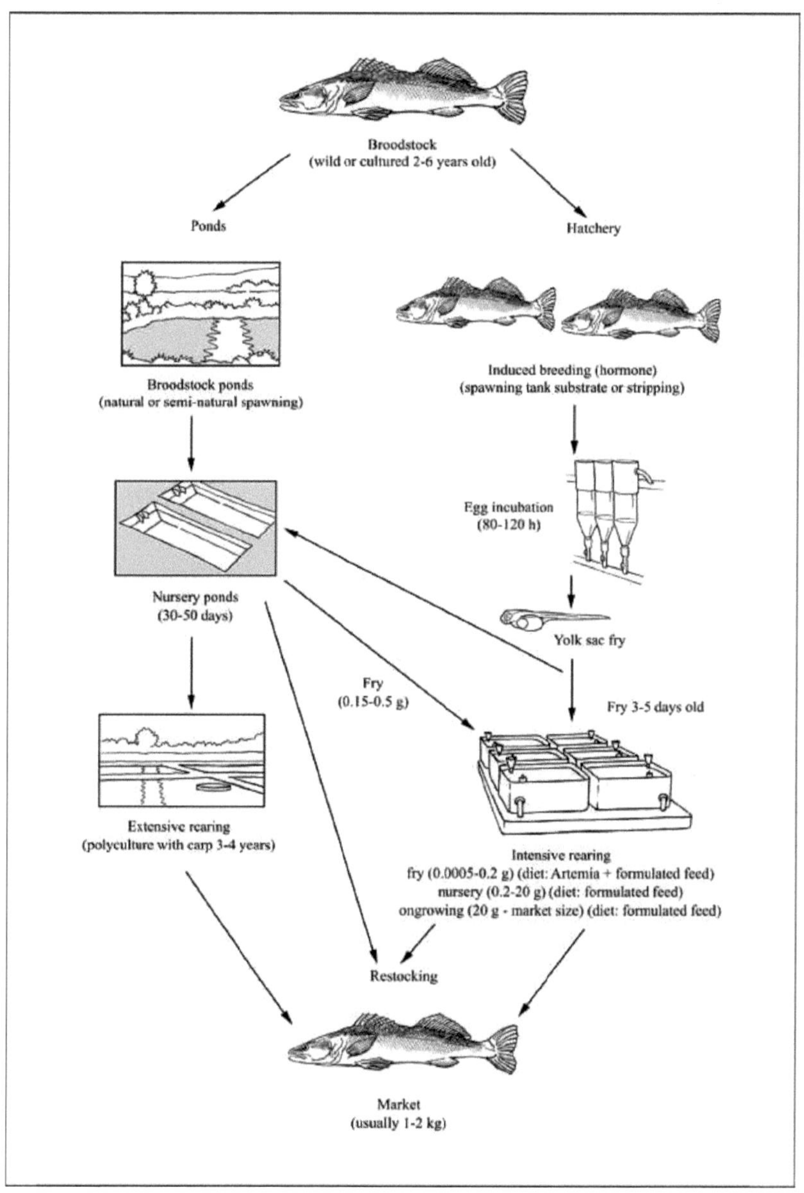

Abbildung 3: Bisher praktizierte Formen der Reproduktion des Zanders (*Sander lucioperca*) FAO 2012.

Problematisch an dieser Form der Reproduktion sind die damit verbundenen massiv erhöhten Mortalitätsraten der Laicher, welche bei bis zu 100 % liegen können. Die höchsten Verluste treten dort auf, wo Tiere abgestreift werden, um die Geschlechtsprodukte zu erhalten, aber auch sonst sind Verlustraten von über 60 % keine Seltenheit (Zakes and Demska-Zakes, 2009). Um diese Problem zu umgehen und den steigenden Bedarf an vermarktungsfähigen Schlacht- und Satzzander zu befriedigen, ist man bemüht gezielte Verfahren zu entwickeln, um eine kontrollierte, ganzjährige Reproduktion von Zandern zu realisieren. Hierfür ist jedoch die genaue Kenntnis des Reproduktionzyklus, nebst der den Zyklus regulierenden Faktoren des Europäischen Zanders, zwingend notwendig.

1.1.3.1. Endokrine Regulation der Reproduktion

Der Reproduktionszyklus wird bei allen Teleosteer, also auch beim Zander, über die Hypothalamus-Hypophysen-Gonaden Achse (HPG) reguliert (Weltzien et al., 2004; Norris, 2007; Kloas et al., 2009). Der Hypothalamus dient hier als Schnittstelle zwischen dem Nervensystem und dem endokrinen System (Abb. 4). Er ist in der Lage interne Stimuli (Ernährungszustand) und externe Stimuli (Temperatur, Photoperiode, Dichteschwankungen des Wassers, Pheromone, Veränderungen des Wasserstands) in den Regulationsprozess zu integrieren (Mylonas et al., 2010). Dies geschieht in der Form, dass Neurotransmitter oder Neuropeptide nach adäquatem Stimulus direkt über neuroendokrine Neurone in der Hypophyse sekretiert werden (hier unterscheiden sich Teleosteer von anderen Vertebraten, die über ein Portalvenensystem verfügen) und somit die Synthese und Sekretion der Gonadotropine regulieren (Mylonas et al., 2010; Zohar et al., 2010) (Abb. 4).

Als primär regulierendes Neuropeptid agiert das GnRH, wohingegen der Neurotransmitter Dopamin die Wirkung des GnRH inhibiert (Chang and Jobin, 1994, Levavi-Sivan et al., 2010). Bei den aus dem vorderen Teilabschnitt der Adenohypophyse freigesetzten Gonadotropinen handelt es sich um das Follikel stimulierende Hormon (FSH) und das luteinisierende Hormon (LH). FSH und LH sind heterodimere Glykoproteine, welche aus jeweils zwei Untereinheiten bestehen. Der konservierten α-Untereinheit und der β-Untereinheit, welche die biologische Aktivität und Spezifität des Hormons ausmacht (Levavi-Sivan et al., 2010). Die biologische Aktivität wird dabei über die Bindung an spezifische, membranständige G-Rezeptorkomplexe vermittelt (Levavi-Sivan et al., 2010). FSH sowie LH regulieren so u. a. die Steroidogenese der Sexualsteroide sowie die Differenzierung und Proliferation bestimmter Zellverbände in den Gonaden (Levavi-Sivan et al., 2010; Lubzens et al., 2010; Mylonas et al., 2010; Schulz et al., 2010). Die verschiedenen Sexualsteroide selbst steuern eine Vielzahl von Prozessen, darunter die Vitellogenese, die Spermatogenese, die finale Eireifung und die Spermiation (Lubzens et al., 2010; Schulz et al., 2010).

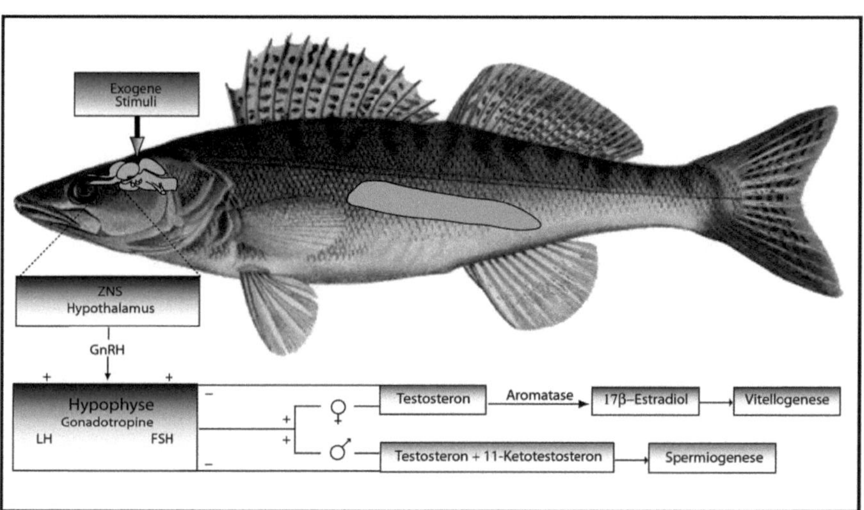

Abbildung 4: Darstellung der Hypothalamus-Hypophysen-Gonaden Achse in Teleosteern.

FSH löst in einer frühen Phase der Reifung des Rogners die Synthese von 17β-Estradiol (E2) in den Follikelzellen aus. Dieses wird über die Blutbahn zur Leber transportiert, in der es die Synthese von Vitellogenin induziert. Dieses wird dann wiederum von der Leber ins Blut sezerniert und mittels Endocytose in die Oozyten aufgenommen, wo es metabolisiert wird und zum Aufbau des Eidotters beiträgt. Für gewöhnlich kommt es mit zunehmendem Reifegrad dann zu einer vermehrten Ausschüttung von LH, welches die Synthese von E2 reduziert und so gleichzeitig den Anstieg eines weiteren Sexualsteroids, Testosteron (T), bedingt. Progesteron, ebenfalls ein Sexualsteroid, reguliert dann den Abschluss der Reifung, indem es die Migration des germinalen Vesikels fördert. Die Migration des germinalen Vesikels führt schlussendlich zur Ovulation, was die notwendige Voraussetzung für die Befruchtungsfähigkeit der Eizelle darstellt (Nagahama and Yamashita, 2008; Lubzens, et al., 2010). Im Milchner dagegen wird die Spermatogenese nicht durch E2, sondern durch die Androgene T und 11-KT gesteuert. Die Synthese und Sekretion der Androgene wird, ähnlich wie das E2 beim Rogner, durch die Gonadotropine LH und FSH reguliert. Diese (vornehmlich FSH) binden u. a. an Rezeptoren der Leydigschen Zellen, welche dann T und 11-KT synthetisieren und sekretieren (Schulz et al., 2010). Die Sexualsteroide regulieren in beiden Geschlechtern, durch positive oder negative Rückkopplung an verschiedenen Stellen der HPG, ihre eigene Homöostase, indem sie z. B. über den Hypothalamus und die Hypophyse die Synthese und Sekretion der Gonadotropine regulieren (Kloas et al., 2009; Zohar et al., 2010).

1.1.3.2. Exogene Faktoren bei der Regulation der Reproduktion

Es ist bekannt, dass die Reproduktionszyklen vieler Perciden gemäßigter Klimazonen vergleichbare Abläufe zeigen (Craig, 2000). Besonders Flussbarsch (*Perca fluviatilis*) und Zander, welche beide ein synchrones Wachstum der Oocyten zeigen, scheinen bestimmte Temperaturen zu benötigen, um die verschiedenen Prozesse der Reifung zu durchlaufen. Schon Hokanson (1977) beschreibt in seinem Übersichtsartikel, dass sowohl im Flussbarsch als auch im Zander die Vitellogenese in der kälteren Phase des Jahres ca. 220 d andauert, bis es mit den steigenden Temperaturen im Frühjahr zur finalen Eireifung und zum Ablaichen kommt. Daran schließt sich eine etwa einmonatige Phase an, in der nicht abgegebene Oozyten resorbiert werden. Mit den steigenden Temperaturen im Sommer werden dann die Nährstoffreserven für die im Spätherbst, mit fallenden Temperaturen, beginnende Gametogenese geschaffen (Schlumberger and Proteau, 1996). Vergleichbare Beobachtungen wurden auch beim Amerikanischen Zander (*Sander vitreus*) (Pankhurst et al., 1986; Malison et al., 1994; Barry et al., 1995) und dem amerikanischen Flussbarsch (*Perca flavescens*) gemacht (Dabrowski et al., 1996). Es wurde weiterhin berichtet, dass ein spezifischer Temperaturbereich um 10°C unterschritten werden muss, um die Reifung der Gonaden zu induzieren (Hokanson et al., 1977; Jones et al., 1977). Der Einfluss der Temperatur auf die Gametogenese wurde aber nicht nur bei Perciden, sondern auch bei Salmoniden (Bromage et al., 2001; Davis and Bromage, 2002) und Cypriniden nachgewiesen (Peter und Yu, 1997).

Ebenso wie die Temperatur, so kann auch die Photoperiode ein regulierendes Element der Reproduktion sein (Bromage et al., 2001; Pankhurst and Porter, 2003; Taranger et al., 2010; Wang et al., 2010). Bei Salmoniden, wie der Regenbogenforelle (*Oncorhynchus mykiss*), dem Atlantischen Lachs (*Salmo salar*) und dem Königslachs (*Oncorhynchus tshawytscha*) lässt sich allein mit Hilfe einer veränderten Photoperiode der Eintritt in die Pubertät regulieren, d. h. induzieren oder inhibieren (Taranger et al., 2010; Wang et al., 2010). So reicht eine Verlängerung der Photoperiode (bei ansonsten konstanten Bedingungen), um die Gametogenese, zu jeder Zeit des Jahres, einzuleiten (Taranger et al., 1998; Wang et al., 2010). Eine veränderte Photoperiode beeinflusst aber u. a. auch die Gametogenese der Meeräsche (*Liza ramada*) (O´Donovan-Lockard et al., 1990), des Atlantischen Kabeljaus (*Gadus morhua*) (Hansen et al., 2001) und des Wolfsbarschs (*Dicentrarchus labrax*) (Carrillo et al, 1989, 1995, 2010).

1.1.4. Ziele der vorliegenden Studie

Die gezielte Reproduktion von Zandern scheint die einzige Möglichkeit den steigenden Bedarf an Speise- und Satzzandern zu gewährleisten und so eine nachhaltige Aquakultur zu ermöglichen. Bisherige Studien legen den Schluss nahe, dass dieses durch den gezielten Einsatz eines Temperaturmanagements alleine oder in Kombination mit einem spezifischen Lichtregime, ohne den Einsatz von Hormonpräparaten, möglich ist.

Deshalb war es Ziel der vorliegenden Studie:

1. Zu evaluieren, ob ein bestimmter Temperaturbereich existiert, der unterschritten werden muss, um in nicht geschlechtsreifen Zandern beiderlei Geschlechts, welche ihr gesamtes Leben in einer Kreislaufanlage bei 23°C unter einer Photoperiode von 12 h (hell):12 h (dunkel) (12 H:12 D) verbracht hatten, die erste Gametogenese (Pubertät) zu induzieren.

2. Die Zeitdauer des Temperaturbereichs aus Punkt 1 zu identifizieren, die nötig ist, um die Pubertät zu induzieren.

3. Nach Feststellung der Temperatur und der Zeitdauer der Punkte 1 und 2, den Temperaturbereich und die Zeitdauer zu evaluieren, die angewendet werden muss, um nach der Induktion der Pubertät die Gametogenese vollständig ablaufen zu lassen (in 2-jährigen Tieren).

4. Den Einfluss einer veränderten Photoperiode auf die induzierte Gametogenese zu quantifizieren.

5. Anhand der Ergebnisse der Punkte 1 bis 4 ein Protokoll zur Verfügung zu stellen, welches eine gezielte Reproduktion von Zandern in geschlossenen Kreislaufanlagen, unabhängig von der Jahreszeit, ermöglicht.

6. Erstmalig Daten über den Verlauf der Sexualsteroide (E2, T, 11-KT und DHP) und die mRNA-Expression der Gonadotropine über den gesamten Reproduktionszyklus des Zanders darzustellen, um so Rückschlüsse auf die endokrine Regulation dieses Prozesses ziehen zu können.

2. Material und Methoden

2.1. Versuchstiere

Alle in den Versuchsreihen verwendeten Zander stammen aus Geschwisterpopulationen, welche in den Kreislaufanlagen der Fischerei Müritz-Plau GmbH (Eldenholz 42; 17192 Waren) aufgezogen wurden. Über den gesamten Versuchszeitraum wurden diese mit extrudierten Zanderpellets (DanEx 1750, Danafeed), welche speziell auf die Bedürfnisse des Zanders abgestimmt waren, gefüttert. Die dafür benötigte Menge von 0,5 % Futter je kg Körpergewicht wurde nach jeder Beprobung und dem damit einhergehenden Wiegen entsprechend angepasst. Bis zum jeweiligen Versuchsbeginn wurden die Zander bei 23°C und einer fixierten Photoperiode von 12 H:12 D gehältert. Die Beleuchtung erfolgte mit T5-Leuchtstoffröhren (Aqua Medic aqualine T5 Reef White), mit einer Farbtemperatur von 10000 Kelvin und einem Farbspektrum, welches natürliches Sonnenlicht imitiert (Abb. 5). Dadurch wurde direkt über der Wasseroberfläche eine Beleuchtungsstärke von 100 Lux erreicht. Die Aufbereitung des Abwassers erfolgte über eine Kombination aus mechanischer Reinigung durch einen Lamellenabscheider und biologischer Reinigung über einen Tropfkörper. Die tägliche Zufuhr von Frischwasser lag bei 9 % des gesamten Kreislaufvolumens.

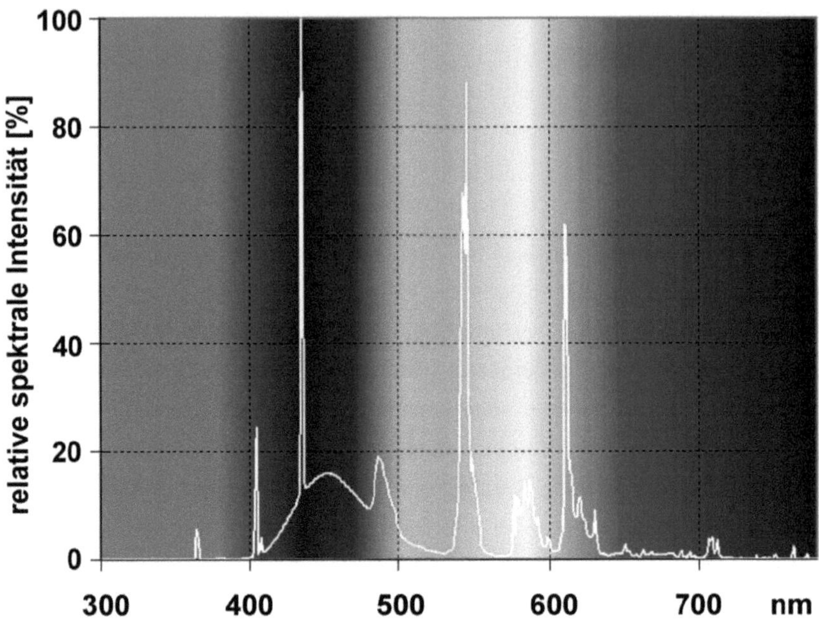

Abbildung 5: Farbspektrum Aqua Medic aqualine T5 Reef White.

2.2. Experimentelles Setup

2.2.1. Versuchsreihe 1

Im ersten Versuchsdurchgang (V1) sollte evaluiert werden, ob ein bestimmter Temperaturbereich existiert bzw. eine bestimmte Temperatur unterschritten werden muss, um bei Zandern beiderlei Geschlechts die Gametogenese (Pubertät) auszulösen. Aus diesem Grund wurden insgesamt 5 Temperaturbereiche ausgewählt: 6, 9, 12, 15 und als Kontrolle 23°C (Abb. 6). Jeweils drei Becken mit einem Fassungsvolumen von je 500 L bildeten dabei eine Versuchseinheit (VE) mit der jeweils vorgesehenen Temperatur. Alle VE wurden innerhalb eines Kreislaufsystems betrieben. Die avisierten Temperaturen wurde mit Hilfe von Durchflusskühlern (Titan 4000, Aqua Medic) und/oder Titanheizstäben (Aqua Medic) innerhalb von 4 Wochen nach

Versuchsstart eingestellt. Während des gesamten Versuchs wurde die Beleuchtungsdauer auf 12 H:12 D reguliert.

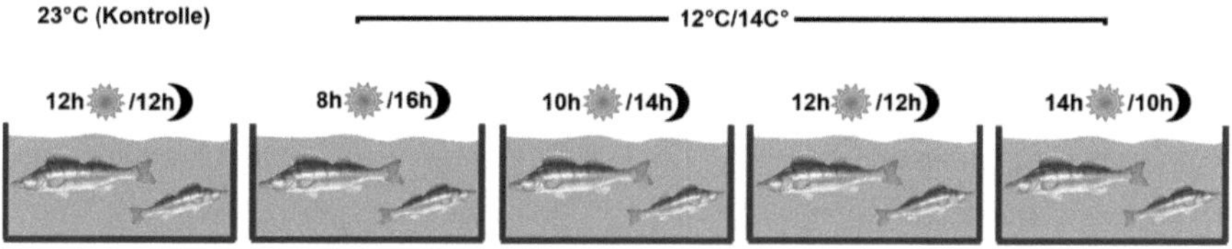

Abbildung 6: Experimentelles Setup der 1. Versuchsreihe.

2.2.2. Versuchsreihe 2

Ziel dieses Versuches war es, nach erfolgreicher Induktion der Pubertät, diejenige Temperatur und den minimal benötigten Zeitraum zu identifizieren, der nötig ist, um eine vollständige Vitellogenese und Spermatogenese zu gewährleisten. Es wurden wiederum 5 VE einem spezifischen Temperaturmanagement unterworfen, wobei die Zander einer VE als Kontrollgruppe weiterhin bei 23°C gehältert wurden. Hierzu wurden alle VE (außer der 23°C VE) für einen Zeitraum von 3 Monaten auf 12°C gekühlt (als Ergebnis von V1), um damit die Induktion der Pubertät zu gewährleisten. Im Anschluss wurde jeweils eine VE auf 12, 14, 16 und 18°C für einen Zeitraum von 4 Monaten temperiert (Abb. 7). Wie auch im vorhergegangenen Versuchsdurchgang wurde die Photoperiode auf 12 H:12 D fixiert

.

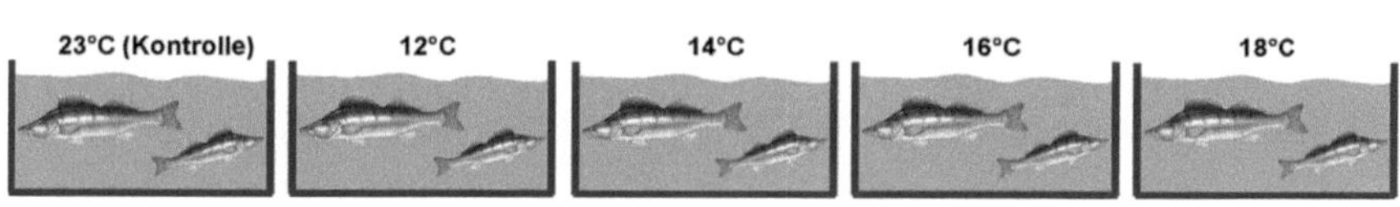

Abbildung 7: Experimentelles Setup der 2. Versuchsreihe.

2.2.3. Versuchsreihe 3

Durch die 3. Versuchsreihe sollte nach der Evaluierung des Faktors Temperatur, als Regulator der Gametogenese (V1 + V2), nun auch der mögliche Einfluss der Photoperiode innerhalb dieses Prozesses geprüft werden. Wie auch in V1 und V2 fanden weiterhin 5 VE Verwendung. 4 VE durchliefen dabei ein identisches Temperaturmanagement, um zum einen den Ablauf der Gametogenese zu initiieren und zum anderen diese vollständig ablaufen zu lassen. Die jeweilige Photoperiode war von VE zu VE unterschiedlich und wurde auf 8 H:14 D, 10 H:14 D, 12 H:12 D und 14 H:10 D eingestellt. Die 5. VE dagegen wurde bei 23°C und einer Photoperiode von 12 H:12 D belassen (Abb. 8). Während der Initiierung der Gametogenese innerhalb der ersten 3 Monate wurden alle Zander 12 h/Tag lang beleuchtet und erst mit Beginn der Erwärmungsphase wurden die jeweiligen Beleuchtungsdauern eingestellt. Dabei erfolgte die Zu- bzw. Abnahme der Beleuchtungsdauer in 30 min Schritten, welche täglich entsprechend eingestellt wurden.

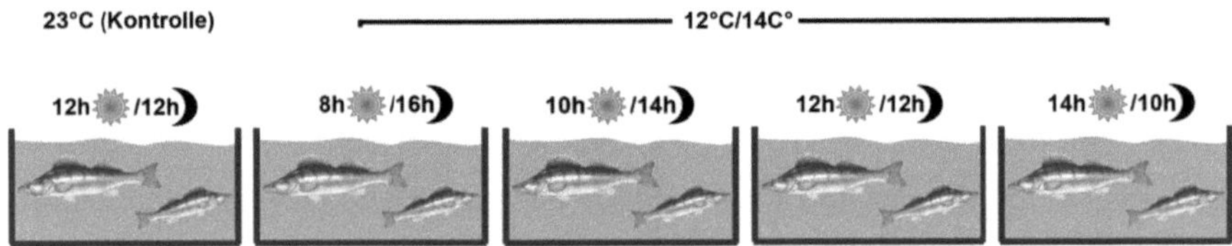

Abbildung 8: Experimentelles Setup der 3. Versuchsreihe.

2.3. Probenahme

2.3.1. Probenahme Versuchsreihe 1

Innerhalb der 1. Versuchsreihe wurden über einen Zeitraum von 6 Monaten 5 Beprobungen durchgeführt (Tab. 1). Dabei wurden alle Tiere innerhalb von jeweils 2 Tagen beprobt. Der vorgesehene 4. Termin wurde aufgrund eines starken Befalls der Tiere mit *Ichthyobodo necator* ausgesetzt. Für jede Probenahme wurden die Tiere einer

VE nach dem Zufallsprinzip ausgewählt und einzeln in eine auf pH 7 gepufferte MS222-Betäubungslösung (Sigma) überführt. Die Blutentnahme erfolgte nach Erreichen der gewünschten Narkosetiefe (i.d.R. nach 3 - 5 min) aus der Schwanzvene mit frisch heparinisierten 2 mL Spritzen (Roth) und Kanülen (Ø 0,9 mm; Roth). Anschließend wurden die Tiere vermessen, gewogen (Soehnle, Page Profi) und durch einen Genickschnitt getötet. Danach erfolgte die Entnahme von Hypophyse und Gonaden. Die Gonaden und der ausgeweidete Tierkörper wurden zur Berechnung des gonadosomatischen Index (GSI) und des Konditionsfaktors (K) gewogen. Parallel wurde das Blut bei 10000 rpm für 5 Minuten bei Raumtemperatur zentrifugiert (Biofuge Fresco, Heraues). Die Hypophysen und das nach der Zentrifugation überstehende Plasma wurden in flüssigem Stickstoff schockgefrostet und bis zur weiteren Analyse bei -80°C gelagert. Für die histologische Analyse der Gonaden wurde Gewebe aus mehreren Teilabschnitten von cranial nach caudal entnommen und in histologischen Einbettkassetten (Roth) verbracht, um anschließend in Bouin‘sche-Lösung (Sigma) fixiert zu werden. Alle während der Beprobung verwendeten Chemikalien und Lösungen sind Tabelle 2 und 3 zu entnehmen.

2.3.2. Probenahme Versuchsreihe 2

In der 2. Versuchsreihe wurden die Tiere über einen Zeitraum von 26 Wochen 9 mal beprobt. Dafür wurden Tiere einer Versuchseinheit zufällig ausgewählt und zunächst betäubt (siehe dazu auch 2.3.1), um anschließend gewogen und vermessen zu werden. Die Blutentnahme (und Aufarbeitung) erfolgte wie schon in Punkt 2.3.1. beschrieben. Den Rognern wurde zum Abschluß noch Oocytenproben entnommen. Dafür wurde ein flexibler Venenverweilkatheter (Dispomed) ca. 4 – 5 cm tief in den Genitalporus eingeführt und dann mit Hilfe einer 2 mL Spritzen (Roth) ein sanfter Unterdruck erzeugt, um so einige Oocyten in die Spritze aufzunehmen. Die Oocyten wurden dann bis zur Vermessung und histologischen Aufarbeitung in 2 mL Eppendorfgefäße überführt und auf Eis gekühlt.

2.3.2. Probenahme Versuchsreihe 3

Innerhalb der 7-monatigen Behandlungsdauer wurden den Zandern 8-mal Blut und im Fall der Rogner Oocyten entnommen. Die Probenahme während der 3. Versuchsreihe war identisch zu der in der 2. Versuchsreihe, mit dem Unterschied, dass allen Tieren am Ende des Versuchs die Hypophysen (wie in Punkt. 2.3.1. beschrieben) entnommen wurden.

Tabelle 1: Chemikalien und Reagenzien für die Beprobung der Zander.

Chemikalie	**Beschreibung**	**Hersteller**
Boin'sche Lösung	Eisessig (5 %), Formaldehyd (9 %), Pikrinsäure (0,9 %)	Sigma
Tricain-Methansulfonat (MS222)	Anästhetikum	Sigma
Heparin	Heparin Natriumsalz (180 I.E/mg)	Roth
Natriumhydrogenkarbonat ($NaHCO_3$)	p.a.	Merck

Tabelle 2: Lösungen für die Probenahme.

MS222 Lsg. (0,01 %)	4 g MS222 wurden in 40 L Leitungswasser gelöst. Diese Lösung wurde durch Zugabe von 10 g $NaHCO_3$ gepuffert
Heparin Lsg (10000 I.E./mL)	55,56 mg Heparin Natriumsalz wurden in 1mL destilliertem Wasser unter Vortexen gelöst

2.4. Morphologische Indizes

Fulton'scher Konditionsfaktor (K) = Gewicht [g] x 100/(Körperlänge)^3 [g/cm^3]

nach Fulton (1904)

Gonado-somatischer Index (GSI) = (Gonadengewicht/Körpergewicht) x 100 [%]

2.5. Vermessung der Oozyten, histologische Aufarbeitung und Analyse

Die in allen drei Versuchsreihen gewonnen Gonadenproben wurden histologisch aufgearbeitet und analysiert. Die mittels Biopsie gewonnen Oozyten der Versuchsreihen 2 und 3 wurden mittels eines Durchlichtmikroskops (Olympus IMT2) vermessen. Dafür wurden von jeweils 25 Oozyten der Durchmesser mit Hilfe der Software AnalySIS (Soft Imaging System) bestimmt. Die für die histologische Aufarbeitung verwendeten Chemikalien und Reagenzien sind nachfolgend in Tabelle 3 aufgelistet.

Tabelle 3: Chemikalien und Reagenzien für die histologische Aufarbeitung.

Chemikalie/Reagenz	**Beschreibung**	**Hersteller**
DePex	Eindeckmedium, GURR®	VWR
Ethanol (EtOH)	≥ 99,8 %, mit ca. 1 % MEK	Roth
Eosin	Gelblich, für die Mikroskopie	Roth
Hämatoxylinlösung	nach Harris, für die Mikroskopie	Roth
Paraffin	Paraplast Plus, Gewebeeinbettungsmaterial	Roth
Xylol	≥ 98 %, für die Histologie	Roth

2.5.1. Fixierung, Dehydrierung und Einbettung der Gonadenproben

Die während der Probenahme in Bouin'scher Lösung fixierten Gewebe wurden nach 12 h in 75 % EtOH überführt. Nach jeweils 24 und 48 h wurde das nunmehr mit Bouin'scher Lösung angereicherte EtOH gegen frisches EtOH ersetzt, um so einen Großteil des Fixierungsmittels auszuwaschen. Bis zur weiteren Aufarbeitung wurden die Proben dann im 75 % EtOH gelagert. Die Dehydrierung und Paraffinierung erfolgte in einem vollautomatischen Gewebeeinbettautomaten (Shandon Excelsior™, Thermo Electron Corporation). Die Gewebe wurden dabei in einer aufsteigenden Ethanolreihe dehydriert, in Xylol entfettet und abschließend in Paraffin überführt. Die genauen Einzelschritte sind Tabelle 4 zu entnehmen.

Tabelle 4: Protokoll für die Gewebeeinbettung mit dem Shandon Excelsior™, Thermo Electron Corporation

Chemikalie	Temperatur [C°]	Verweildauer [min]
75 % EtOH	30	60
90 % EtOH	30	60
95 % EtOH (I)	30	60
95 % EtOH (II)	30	60
99 % EtOH (I)	30	60
99 % EtOH (II)	30	60
Xylol (I)	30	60
Xylol (II)	30	60
Xylol (III)	30	60
Paraffin (I)	60	80
Paraffin (II)	60	80
Paraffin (III)	60	80

Nach Beendigung der Paraffinierung wurden die Einzelproben an einer Einbettstation (Bavimed) in vorgewärmte Ausgießformen überführt, welche mit frischem Paraffin aufgefüllt wurden. Alle Gewebe wurden dann so positioniert, dass am späteren Präparat Querschnitte angefertigt werden konnten. Nach der Paraffinzugabe und dem Ausrichten wurden die Ausgießformen auf einer Kühlplatte gelagert bis das Paraffin ausgehärtet war. Dadurch konnte später ein besseres und einheitlicheres Schnittbild erzielt werden. Bis zur weiteren Aufarbeitung wurden die Präparate bei Raumtemperatur gelagert.

2.5.2. Schneiden und Färben der Präparate

Von den Präparaten wurden mit Hilfe eines Rotationsmikrotoms (Leica, Supercut 2065) 4 µm Dünnschnitte angefertigt. Dabei wurden von dem zuvor für 20 min auf Eis gekühltem Präparat mehrere serielle Schnittreihen (20 - 30 Einzelschnitte) angefertigt, um eine möglichst verlässliche Aussage über den Reifezustand des jeweiligen Versuchstieres machen zu können. Jede Schnittserie wurde in ein auf 40°C temperiertes Wasserbad (Leica HI1210) verbracht, damit diese sich streckte und so eine unerwünschte Faltenbildung ausgeschlossen werden konnte. Die so behandelten Proben wurden auf Objektträger (Superfrost, Roth) aufgebracht und auf einem Paraffinstrecktisch (Leica HI1220) für ca. 30 min getrocknet. Eine anschließende vertikale Lagerung der Objektträger bei 60°C für 16 h ließ überschüssiges Paraffin ablaufen und verband so dauerhaft den Schnitt mit dem Objektträger. Die Färbung der Präparate erfolgte mit Hämatoxylin und Eosin. Die dafür benötigten Einzelschritte sind Tabelle 5 zu entnehmen.

Tabelle 5: Protokoll der Hämalaun-Eosin-Färbung

Chemikalie	**Verweildauer [min]**
Xylol (I)	5
Xylol (II)	5
100 % EtOH	2
96 % EtOH	2
70 % EtOH	2
40 % EtOH	2
Aquadest (I)	2
Hämatoxylin	2:30
Leitungswasser	10
Eosin (0,1 %)	3
Aquadest (II)	0:10
80 % EtOH	0:10
100 % EtOH	0:30
100 % EtOH	2
Xylol (III)	5
Xylol (IV)	5

Die gefärbten Präparate wurden mit einigen Tropfen DePex benetzt und einem Deckgläschen versiegelt und für mindestens 7 d bei Raumtemperatur getrocknet.

2.5.3. Mikroskopische Aufarbeitung

Die Auswertung der histologischen Präparate fand an einem Olympus BX50 Mikroskop, ausgestattet mit einer XC50 Digitalkamera (Olympus), statt. Dafür wurde die Software AnalySIS (Soft Imaging System) verwendet. Von allen angefertigten Schnitten wurden mehrere Aufnahmen in verschiedenen Vergrößerungen (40x, 100x, 200x und 400x) gemacht. Für die Beurteilung des Reifegrades der Gonaden wurde, basierend auf Informationen aus Lang (1981), Selman et al. (1993), Kusakabe et al. (2006), Zakes and Demska-Zakes, (2009), Lubzens et al. (2010) und Schulz et al.

(2010), für die weiblichen Zander eine 5-stufige (Tabelle 6) und für die Männchen eine 3-stufige Klassifizierung (Tabelle 7) entwickelt.

Tabelle 6: Charakterisierung der verschiedenen Reifestadien von weiblichen Zandern.

Weibchen				
Prä-Vitellogenese	**frühe Vitellogenese**	**mittlere Vitellogenese**	**späte Vitellogenese**	**atretisch**
Durchmesser max. 300 µm Cytoplasma entweder frei von kortekalen Alveoli oder nah am kortekalen Cortex vorhanden	Durchmesser max. 500 µm Akkumulation von Lipidtröpfchen im Cytoplasma	Durchmesser max. 600 µm Oozyte ausgefüllt von vielen kleinen Lipid- und Dottertröpchen	Durchmesser > 600 µm Oozyte angefüllt von wenigen großen Lipidtropfen Dotter akkumuliert zentral vollständige Ausprägung der oocytären Schichtung sichtbar, ebenso wie die Gallerthülle	Verlust der Zellintegrität Verlust der Kugelform Auflösen der Zellkompartimente Verlust der oozytäre Schichtung und der Galerthülle

Tabelle 7: Charakterisierung der verschiedenen Reifestadien von männlichen Zandern.

Männchen		
Prä-Spermatogenese	**frühe Spermatogenese**	**mittlere Spermatogenese**
undifferenzierte und differenzierte Spermatogonien	undifferenzierte und differenzierte Spermatogonien, vereinzeltes Auftreten von Spermatocyten und Spermatiden	vermehrtes Auftreten von Spermatocyten und Spermatiden

2.6. Genexpressionsanalyse

Die bei den Sektionen gewonnenen Hypophysen der Versuchsreihen 1 und 3 wurden für die Genexpressionsanalysen entsprechend aufgearbeitet. Dafür wurde die Gesamt-RNA aus dem Hypophysengewebe extrahiert, deren Integrität bestimmt und durch reverse Transkription in eine komplementäre DNA (cDNA) umgeschrieben. Mittels „real-time polymerase chain reaction“ (RT-PCR) wurden die Expressionslevel verschiedener Zielgene evaluiert. Alle für die Aufarbeitung und Analyse verwendeten Chemikalien und Reagenzien sind Tabelle 8 zu entnehmen.

Tabelle 8: Chemikalien und Reagenzien die für die Genexpressionsanalyse.

Chemikalie/Reagenz/Kit	Beschreibung	Hersteller
2-Mercaptoethanol	99 %, p.a.	Roth
2-Propanol	>99,8 % p.a.	Roth
Affinity-Script reverse Transkriptase (RT) Kit	Enzym (200 Rkt.), Pufferkonzentrat (10x), Dithithreitol (DTT, 100 mM)	Agilent
Agarose	Elektrophorese-Gel	Invitrogen
Avian Myeloblastosis Virus RT (AMV-RT) Kit	Enzym (20 I.E./µL), Pufferkonzentrat (10x)	Finnzymes
Beladungfarbstoff	Konzentrat (6x), enthält 0,03 % Bromphenolblau	Peqlab
Diethylpyrocarbonat (DEPC)	>97 %	Roth
DNA-ladder (50 bp)	0,5 mg DNA/mL	Roth
DNase I (Amplification grade) KIT	Enzym (1 I.E./µL), Pufferkonzentrat (10x), EDTA (25 mM)	Invitrogen
Essigsäure	Eisessig, 100 %, p.a.	Roth
Ethanol (EtOH)	>99 %, p.a.	Roth
Ethidiumbromid (EtBr)	10 mg/mL	Roth
Natriumacetat	3 M, pH 5,2, für Molekularbiologie	Sigma
Oligo(dT) Primer (2,5 µm)	Sequenz: CCTGAATTCTAGAGCTCA$(T)_{17}$	Biometra
Platinum Taq DNA polymerase Kit	PBI Puffer (enthält Hydrochlorid und 2-Propanol), PE Puffer, Qia Spin Säulen	Quiagen
RNA 6000 nano Kit	RNA Nano chips, RNA ladder, RNA Marker, RNA dye Konzentrat (5x), Gel Matrix, spin Filter	Agilent

Chemikalie/Reagenz/Kit	Beschreibung	Hersteller
RNase free DNase Kit	Enzym (1500 I.E.), RDD Puffer, RNase-freies Wasser	Quiagen
Rneasy Mini Kit	RLT Puffer (enthält Guanidinthiocyanat, RW1 Puffer, (enthält Gunaidinthiocyanat und EtOH), RPE Puffer Konzentrat (5x), MinElute spin columns	Quiagen
ROX Referenzfarbstoff	Konzentrat (50x)	Invitrogen
SYBR Green I DNA dye	Konzentrat (10000x) in DMSO	Invitrogen
Taq DNA polymerase core Kit	Enzym (5 I.E./µL), Reaktionspuffer Konzentrat (10x), $MgCl_2$ (25 mM), dNTP Mix (10 mM von jedem dNTP)	Qbiogene
Tris(hydroxymethyl)-aminomethan (TRIS)	Ultra Qualität, <99,9 %	Roth

2.6.1. RNA-Extraktion

Aufgrund der geringen Gewebe- und somit auch RNA-Mengen der aufzuarbeitenden Hypophysen, wurde die Extraktion mit dem Quiagen RNeasy Mini Kit durchgeführt. Bei diesem wird zuerst mittels Guanidinthiocyanat-haltigem Puffers das Gewebe aufgeschlossen und homogenisiert. Anschließend werden durch Zugabe von Ethanol Bedingungen im Lysat eingestellt, die eine selektive Bindung der RNA an eine Silicamembran ermöglicht. Diese Silicamembran ist dabei in einer im Kit enthaltenen Säule eingebracht. Durch diese Verfahren wird eine Anreicherung von mRNA erreicht, da RNA Moleküle, welche kürzer als 200 Nucleotide sind (z. B. 5,8S rRNA, 5S rRNA und tRNA) und gewöhnlich 15-20 % der gesamt RNA Menge ausmachen (Quiagen, 2006), nicht an der Silicamembran haften können. Die während der Extraktion verwendeten Lösungen sind nachfolgend ebenso aufgeführt, wie die genaue Durchführung der Extraktion.

RNase freies Wasser	Zweifach entionisiertes Wasser (Millipore) wurde mit 0,01 % DEPC versetzt und 12 h bei Raumtemperatur gelagert, um anschließend bei 124°C autoklaviert zu werden. Die Lagerung erfolgte bei 4°C.
PCR-Wasser	Zweifach entionisiertes Wasser (Millipore) wurde bei 124°C autoklaviert und bei 4°C gelagert.
70 % EtOH	EtOH (99 %, p.a.) wurde mit RNase freiem Wasser entsprechend verdünnt
RLT-Lysis-Puffer	Pro mL Puffer wurden 10 µL 2-Mercaptoethanol zugefügt.
RPE-Puffer	1 Teil RPE-Pufferkonzentrat (5x) wurde mit 4 Teilen EtOH (99 %, p.a.) vermengt
RNase freie DNase I Reaktionslösung	Für die Stammlösung wurde DNase I in 550 µL RNase freiem Wasser gelöst und aliquotiert. Die Lagerung erfolgte bei -20°C. Für die Reaktionslösung wurde die Stammlösung 8-fach mit RDD-Puffer verdünnte.
TE-Puffer	TE-Pufferkonzentrat (20x) wurde mit RNase freiem Wasser entsprechend verdünnt
RiboGreen-Gebrauchslösung	RiboGreen-Stammlösung wurde 200-fach mit TE-Puffer (1x) verdünnt
Gel-dye mix (RNA 6000 nano)	Die Gelmatrix wurde durch Zentrifugation bei 14000 rpm für 10 sec durch spin Filter (Agilent) filtriert. Das so aufbereitete Gel wurde bis zum Gebrauch bei 4°C gelagert. Vor dem Gebrauch wurde 1 µL Nano dye zu 65 µL Gel gegeben.
RNA 6000 ladder	Die ladder wurde für 2 min bei 70°C denaturiert (Thermocycler, Biometra) und bis zum Gebrauch bei -80°C gelagert.

Die Extraktion der Hypophysen erfolgte bei Raumtemperatur, gemäß dem Protokoll (Rneasy® Mini Handbook, Quiagen) des Herstellers:

350 µL des RLT-Puffers wurden jeweils zu einer Probe gegeben, welche dann unter Hinzufügen einer Edelstahlkugel (Ø 5mm, Quiagen) für 1 min in einem TissueLyser (Quiagen) bei einer Schüttelfrequenz von 20/sec homogenisiert wurde. Nach einer 5-minütigen Inkubationszeit wurden dem Homogenat 350 µL 70 %iges EtOH zugegeben und sofort in eine RNeasy spin Säule überführt. Nach einer Zentrifugationszeit von 15 sec bei 12000 rpm (Centrifuge 5415D, Eppendorf) wurde die abzentrifugierte Flüssigkeit verworfen und die Säule mit 350 µL RW1-Waschpuffer gespült (15 sec Zentrifugation bei 12000 rpm). Das gewonnene Eluat wurde ebenfalls verworfen und um eine Kontamination der Probe mit genomischer DNA auszuschließen, fand ein DNA-Verdau durch Zugabe von RNase freier DNase I statt. Dafür wurden 80 µL

DNase direkt auf die Silicatmembran pipettiert. Nach 15-minütigem Verdau wurde die Säule zuerst mit 350 µL RWE-Puffer, dann mit 500 µL RPE-Puffer gewaschen. Durch eine einminütige Zentrifugation (12000 rpm) wurde die Säule anschließend getrocknet. Abschließend wurde die an der Silicamembran anhaftende RNA mittels 30 µL RNase freiem Wasser eluiert.

2.6.2. Überprüfung der Konzentration und Reinheit der RNA

Die Überprüfung der Konzentration und der Reinheit der extrahierten Hypophysen-RNA wurde durch Messung der UV-Absorption bei 230, 260 und 280 nm an einem Nano-Drop® ND-1000 Spektrophotometer (Thermo Fisher Scientific) durchgeführt. Die Konzentration der jeweiligen Probe (1 µL) wurde dabei durch eine Absorptionsmessung bei 260 nm bestimmt. Der Quotient aus Absorption bei 260 nm/Absorption bei 280 nm, bzw. 260 nm/230 nm wiederum gibt die Reinheit der RNA an, welcher i. d. R. mindestens 1,9 betragen sollte. In der Abbildung 9 wurde als Beispiel die Ausgabedatei einer RNA-Hypophysenprobe dargestellt. Im linken unteren Quadranten sind dabei die angegebenen Quotienten zur Reinheitsbestimmung angezeigt.

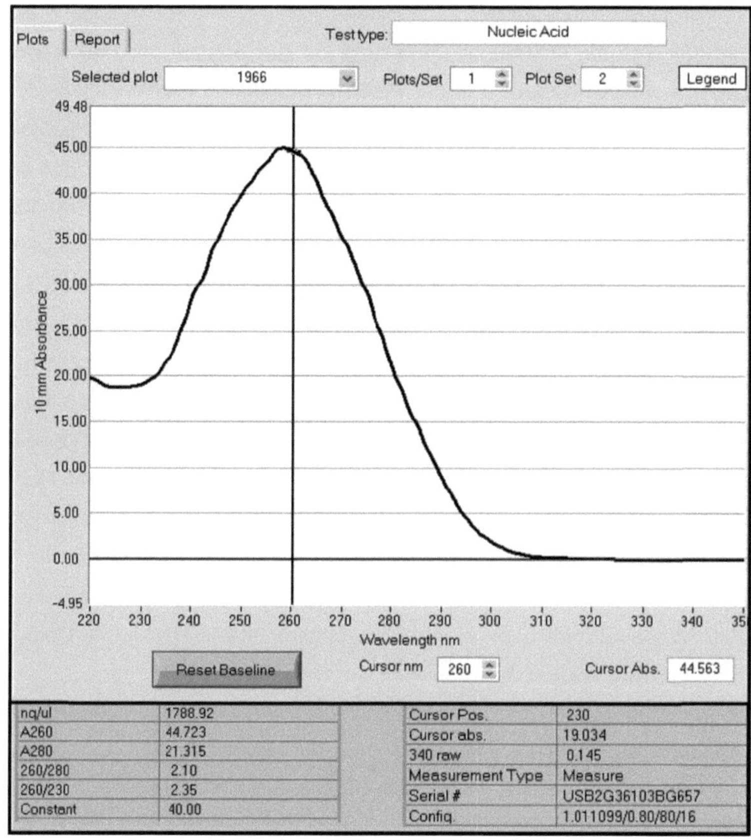

Abbildung 9: Darstellung des Absorptionsspektrums einer RNA-Hypophysenprobe für die Reinheits- und Konzentrationsbestimmung mit dem NanoDrop®.

x-Achse = 10 mm Absorption; y-Achse = Wellenlänge in nm

2.6.3. Überprüfung der Integrität der RNA

Die Qualität (bzw. Integrität) einer RNA die molekularbiologisch, z. B. mittels quantitativer Echtzeit Polymerase-Kettenreaktion (RT-PCR), analysiert werden soll ist entscheidend für die spätere Aussagefähigkeit der Ergebnisse (Fleige und Pfaffl, 2006; Fleige et al., 2006). Deshalb ist es unumgänglich die Qualität der RNA vor der eigentlichen Analyse zu überprüfen. Dafür wurden die RNA-Proben mittels des Agilent

RNA 6000 Nano Kits an einem Agilent 2100 Bioanalyser (Agilent Technologies) auf mögliche Degradationen hin untersucht. Basierend auf dem Prinzip der (Mikro-)Kapillarelektrophorese werden dabei die in der Probe vorhandenen RNA-Moleküle der Größe nach aufgetrennt. Ein parallel mitgeführter RNA-Standard und ein RNA-Marker erlauben eine Angabe über die Molekülgröße und die Gesamtkonzentration an vorhandener RNA. Dafür wurde zunächst jeweils ein Aliquot einer zu analysierenden Probe bei 70°C für 2 min denaturiert (Thermocycler, Biometra). Währenddessen wurde ein Chip des RNA 6000 Nano Kits entsprechend den Herstellerangaben zur Probenaufnahme vorbereitet. Jeweils 1µL der Probe wurden in eines von 12 Probenwells des Chips pipettiert, um analysiert zu werden. Nach Zuweisung des zu analysierenden RNA Typs (Eukaryote total RNA) erfolgte die Analyse und die Auswertung vollautomatisch durch die Agilent 2100 expert Software (Version B.02.05.SI360). Dabei wurden die Laufzeiten der RNA-Fragmente mittels eines Fluoreszenzdetektors registriert, um daraus sowohl ein Elektropherogramm, als auch ein simuliertes Gel durch die Expert Software zu generieren (Abb. 19). Die Expert Software kalkuliert ebenfalls für die jeweiligen Proben eine RIN integrity number zwischen 1 und 10. Wobei ein Wert von 10 für eine komplett intakte RNA ohne Degradation steht und ein RIN Wert von 1 eine komplett degradierte RNA charakterisiert (Schroeder et. al., 2006). Alle Proben hatten einen RIN > 8,5 was auf einen geringen Grad an Degradation, also eine hohe Integrität schließen ließ.

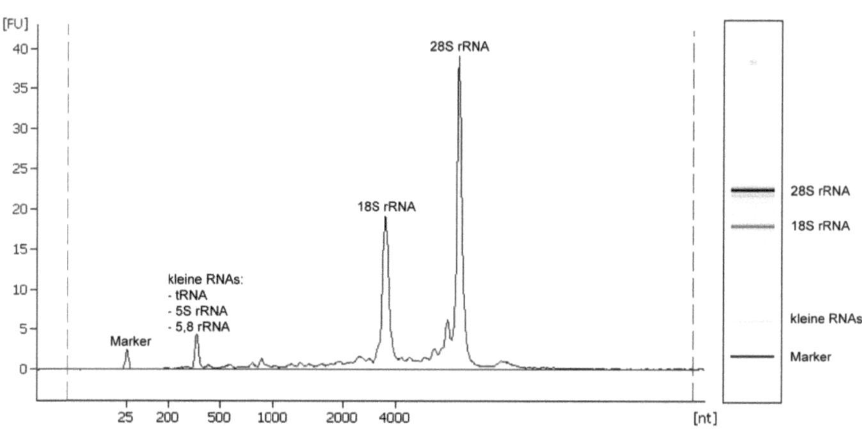

Abbildung 10: Elektropherogramm und simuliertes Gel (rechts) einer RNA-Hypophysenprobe von *Sander lucioperca*. Die dargestellte Probe hatte einen RIN-Wert von 9,7.

x-Achse : nt = Nukeotidgröße; y-Achse : FU = Fluoreszenz-Einheit

rRNA = ribosomale RNA; tRNA = transfer RNA

2.6.4. Reverse Transkription (Synthese der cDNA)

Vor dem Beginn der eigentlichen Transkription wurde die Konzentration an RNA der Hypophysenproben jeweils auf 1 µg pro 9 µL RNase freiem Wasser eingestellt. Für das Primer annealing wurden 9 µL der verdünnten RNA-Lösung mit 2,5 µL RNase freiem Wasser und 1,5 Oligo dt-Primerlösung (2,5 µM) bei 65°C für 5 min inkubiert und anschließend sofort auf Eis heruntergekühlt. Die eigentliche cDNA-Synthese fand in einer zweiten Reaktion statt. Hierzu wurde ein Gemisch aus 2 µL Reaktions-Puffer (10x), 2 µL DTT (100mM), 0,8 µL dNTPs (10 mM eines jeden dNTP) und 1 µL Affinitiy script reverser Transkriptase hergestellt, um für 60 min bei 42°C, anschließend für 15 min bei 72°C und abschließend bei 10°C inkubiert zu werden. Die so entstandenen 20 µL cDNA-Lösung wurden bis zur Analyse bei -20°C zwischengelagert.

2.6.5. Identifikation von mRNA-Sequenzen des Zanders

Da zu Versuchsbeginn für den Europäischen Zander keinerlei Sequenzinformationen verfügbar waren, war es nötig diese in Eigenarbeit zu identifizieren. Hierfür wurden mRNA-Sequenzen von Genen ausgewählt, die eine zentrale Rolle in der Reproduktion haben. Um dafür Primer designen zu können, wurden aus bekannten Sequenzen (NCBI) verschiedener Perciden Konsensussequenzen generiert, welche aus multiplen Sequenzalignments erstellt wurden (BioEdit 7.0.9.0). Für besonders konservierte Regionen dieser Gene konnten nun entsprechende Primer unter Zuhilfenahme der Programme CloneManager Professional Suite Version 8 (Sci-Ed Software) und NetPrimer designt werden. Dabei wurden die Primer auch hinsichtlich ihrer Sekundärstruktur, der internen Stabilität (GC-Gehalt) und der Ausbildung möglicher Dimere analysiert. Alle so designten Primer wurden von der Firma TipMol (Berlin) synthetisiert und sind in Tabelle 9 abgebildet.

Tabelle 9: Zielgene und Sequenzen des Zanders.

Zielgen	**Vorwärts(V)- und Rückwärts (R)-Primersequenzen in 5´-3´Richtung**
Follikel stimulierendes Hormon, β-Untereinheit	V: CCTACTGGCAGGGAAGAAC R: CTGACACCCACTGGACATC
Luteinisierendes Hormon, β-Untereinheit	V: GTGTCACCTAGTGGAAAC R: GGGAGCTTAAAGGTCTTG
Ribosomales Protein L8 (rPL8)	V: GTTATCGCCTCTGCCAAC R: ACCGAAGGGATGCTCAAC

Um eine möglichst hohe Ausbeute der gewünschten PCR Produkte in der späteren RT-PCR zu gewährleisten, war es nötig für die einzelnen Primerpaare die Idealvoraussetzungen hinsichtlich annealing Temperatur, $MgCl_2$-Konzentration und einzusetzender Konzentration an Primern zu evaluieren. Dieses geschah an einem Gradienten-Thermocycler (Biometra). Dafür wurden 22 µL eines speziellen Master Mix I (Tab. 10) für eine cDNA Probe verwendet. Das Temperaturprofil, welches Anwendung fand, beinhaltete einen Denaturierungsschritt bei 95°C (2 min), gefolgt von jeweils 25 bis 34 Zyklen erneuter Denaturierung (94°C für 40 sec), einem Primer annealing bei 58 bis 61°C (40 sec) pro Zyklus, einem Elongationsschritt pro Zyklus bei 72°C (40 sec) gefolgt von einem abschließenden Elongationsschritt am Ende der 25 – 34 Zyklen bei 72°C für 10 min.

Tabelle 10: Reagenzien für den Master Mix I.

Menge in µL	Reagenz	Hersteller
16,7 – 17,7	PCR Wasser	
2,5	Reaktions-Puffer (10x)	Qbiogen
1,0 – 2,0	$MgCl_2$	Qbiogen
0,2	dNTPs (10 mM)	Qbiogen
0,2	Vorwärts-Primer	TipMol
0,2	Rückwärts-Primer	TipMol
0,2	DNA-Polymerase	Qbiogen

2.6.6. Gelelektrophorese, Aufreinigung und Sequenzierung der PCR Produkte

Um zweifelsfrei nachzuweisen, dass die verwendeten Primer auch wirklich an den avisierten Stellen banden und so die Amplifikation des Zielgens ermöglichten, war es nötig die in der PCR gewonnen Produkte mittels Gelelektrophorese auf ihre Länge hin zu überprüfen und durch eine Aufreinigung und Sequenzierung des PCR-Produkts dessen Qualität zu bestimmen. Die hierbei verwendeten Reagenzien sind nachfolgend aufgelistet:

Agarose Gel 1,8 %	1,65 g Agarose wurde in 90 mL TAE-Puffer unter 2-maligem Aufkochen in der Mikrowelle gelöst. Anschließend wurden 9 µL Ethidiumbromid zugegeben und das Gel in ein Trägertablett zum Abkühlen und Erhärten eingefüllt
DNA-ladder (0,1 mg/L), 50 bp	Eine Volumeneinheit DNA-ladder (0,5 mg/L) wurde mit dem selben Volumen an Beladungs-Farbstoffkonzentrat (6x) und dem 4-fachen Volumen an destilliertem Wasser gemischt
GQ-Puffer	Puffer mit einem pH-Indikator
Isopropanol	100 %
PE-Puffer	PE-Puffer (5x) wurde mit EtOH (100 %) verdünnt
TAE-Puffer (1x)	Verdünnung des TAE-Puffer (50x) mit destilliertem Wasser
TAE-Puffer (50x)	TAE-Puffer Konzentrat (50x, pH 7,5) wurde angesetzt, indem 242 g TRIS, 20,4 g $Na_2EDTA \times (H_2O)_2$ und 57,1 mL Essigsäure (100 %) auf 1 L mit destilliertem Wasser aufgefüllt wurden

Zur Durchführung der Elektrophorese wurden jeweils 5 µL der PCR-Probe mit 1 µL eines Beladungsfarbstoffs (6x) vermischt und in eine Tasche des Agarosegels (in TAE-Puffer gelagert) pipettiert. Ebenso wurde mit der DNA ladder (0,1 mg/mL) verfahren, um nach vollendetem Lauf die Größe der einzelnen PCR-Produkte abschätzen zu können. Durch Anlegen einer Gleichspannung von 70 mv für 45 – 50 min (Agagel electrophoresis unit, Biometra) wanderten die einzelnen Moleküle, je nach Molekülgröße, entsprechend weit im Gel. Die Auswertung der einzelnen Gele erfolgte an einem Gel Dokumentationssystem GelDoc 2000 (Biorad).

Für die Sequenzierung wurden sowohl die betreffenden Banden aus den entsprechenden Gelen ausgeschnitten und gereinigt, als auch die PCR-Produkte selbst (gereinigt). Dies geschah mit dem QiaQick Purification Kit (Qiagen). Aus einem Gel wurde mittels eines sterilen Skalpells, unter UV-Licht, die betreffende Bande aus dem Gel ausgeschnitten und gewogen. Zu jeder Probe wurden 3 Volumeneinheiten QG-Puffer zugegeben und diese für 10 min bei 50°C inkubiert. Anschließend wurde eine

Volumeneinheit Isopropanol zugesetzt und die Lösung in eine QIAquick spin Säule übertragen, um im ersten wie auch in allen nachfolgenden Schritten für jeweils 1 min bei 13000 rpm zentrifugiert (Zentrifuge 5415D, Eppendorf) zu werden. Das Zentrifugat wurde verworfen. Die Säule wurde dann zuerst durch Zentrifugation mit 500 µL QG-Puffer und anschließend mit 750 µL PE-Puffer gewaschen und durch einen weiteren Zentrifugationsschritt getrocknet, das dabei jeweils anfallende Zentrifugat wurde stets verworfen. Durch Addition von 50 µL PCR-Wasser auf die Säule und eine letzte Zentrifugation wurde die so aufgereinigte DNA eluiert und deren Konzentration am NanoDrop bestimmt.

Die so vorbereitete Probe wurde zur Sequenzierung an ein entsprechend versiertes Labor (SeqLab, Göttingen) versendet. Gleiches geschah mit den direkt aufgereinigten PCR Proben. Dafür wurde zuerst die DNA-Konzentration mittels des NanDrops bestimmt, um ein mögliches überladen der QIAquick spin Säule ausschließen zu können. Diese weißt eine maximale Bindungskapazität von 10 µg reiner DNA auf. Zu einer Volumeneinheit an DNA wurden 5 Volumeneinheiten an PB-Puffer zugesetzt und auf eine QIAquick spin Säule überführt. Durch eine einminütige Zentrifugation bei 13000 rpm konnte die DNA an das in der Säule befindliche Siliziumoxid binden. Alle nachfolgenden Wasch,- Trocknungs,- und Elutionsschritte waren identisch mit dem Protokoll der Gel-Aufreinigung.

Die Ergebnisse der Sequenzierung wurden von SeqLab in Form von Elektropherogrammen und Sequenzreihen geliefert und manuell überprüft. Dieses geschah mittels Homologie-Blasts nach Altschul (1999) durch multiple Sequenzvergleiche (Bio-Edit 7.0.9.0.). Die so gewonnen Sequenzen wurden an die NCBI-database übermittelt und veröffentlicht.

2.6.7. Analyse der Genexpression durch RT-PCR

Zu Beginn der Analyse wurde eine 50x SYBR-Green Lösung und ein Master Mix (II) hergestellt. Der Master Mix II beinhaltete die in Tabelle 11 aufgeführten Komponenten:

Tabelle 11: Reagenzien für den Master Mix II.

Menge in µL	**Reagenz/Hersteller**
14,3	PCR-Wasser
2,0	Reaktions-Puffer (10x) (Invitrogen)
0,8	$MgCl_2$ (50 mM) (Invitrogen)
0,17	dNTPs (10 mM jedes dNTPs) (Qbiogen)
0,11	SYBR-Green I Lösung (50x) (Invitrogen)
0,11	ROX Referenzfarbstoff (50x) (Invitrogen)
0,15	Vorwärtsprimer (50 µM) (TipMol)
0,15	Rückwärtsprimer (50µM) (TipMol)
0,2	Platinum Taq Polymerase (5 I.E./µL) (Invitrogen)

Die RT-PCR wurde ausnahmslos in einem Stratagene MX 3005P durchgeführt. Hierbei kam ein Temperaturprofil zum Einsatz, welches zu Beginn einen Denaturierungsschritt von 7,40 min bei 95°C vorsah, gefolgt von 40 identischen Zyklen hinsichtlich Denaturierungs,- Primerannealing und Verlängerungsschritt (siehe dazu auch Tabelle 11).

Tabelle 12: Temperaturprofil der RT-PCR.

Schritt	**Temperatur [°C]**	**Zeit [sec]**
Denaturierung	95	17
Primer annealing	62	25
Verlängerung	72	25

Alle PCR-Reaktionen wurden als Duplikate analysiert. Jeder Assay beinhaltete überdies eine minus RT (Austausch der reversen Transkriptase durch PCR-Wasser), um sicherzustellen, dass keine genomische Verunreinigung vorlag, sowie Nicht-Template-Kontrollen (Austausch der cDNA durch PCR-Wasser), um die Spezifität der Ziel cDNA hinsichtlich ihrer Amplifikation zu überprüfen. Das Mitführen eines cDNA-Kalibrators (gepoolte cDNA, im Triplikat) erlaubte eine Kalkulation der relativen Expression. Alle durchgeführten Analysen wurden entsprechend der $\Delta\Delta_{CT}$ Methode nach Pfaffl (2001) auf die Expression des House-keeping-Gens rPL8 normalisiert. Für eine Validierung der Effizienz der Amplifikationen wurde jeder Assay zusätzlich mit einem Triplikat einer 5-fachen Verdünnungsreihe von gepoolter cDNA durchgeführt. Eine Standardkurve (lineare Regression) wurde aus der Auftragung des sogenannten cycle tresholds (C_T) auch Schwellenwertzyklus genannt gegenüber dem Logarithmus der entsprechenden Verdünnung dargestellt (Pfaffl, 2001). Dabei gibt der C_T-Wert die Anzahl der Zyklen wieder, bei der das Fluoreszenzsignal der jeweilig gemessenen Probe die natürlicherweise gemessene Hintergrundfluoreszenz (Hintergrundrauschen) zum ersten Mal signifikant übersteigt. Mit Hilfe der aus der lineare Regression ermittelten Steigung konnte dann die Amplifikationseffizienz entsprechend der nachfolgenden Formel bestimmt werden:

$$\text{Amplifikationseffizienz} = 10^{(-1/m)}$$

m= Anstieg der linearen Regressionsgeraden

Die so berechneten Effizienzen aller Assays lagen zwischen 1,89 und 2,01. (R^2 > 0,99).

2.7. Bestimmung der Hormonkonzentrationen

Für die Bestimmung der Plasmakonzentrationen von 17β-Estradiol (E2), Testosteron (T), 11-Ketotestosteron (11-KT) und 17α,20β-Dihydroxy-4-pregnen-3-on (DHP) wurden kommerzielle Enzym Immun Assay (EIA) Kits verwendet (ACE kompetitive EIAs, Cayman Chemicals). Der Assay basiert dabei auf einer kompetitiven Verdrängung zwischen dem zu messenden Hormon aus der Probe und einer spezifischen Hormon-Acetylcholinesterase (Tracer), um eine begrenzte Anzahl von (Kaninchen-) Antiserum Bindungsstellen. Da die Konzentration an Tracer stets konstant ist, die an zu messendem Hormon, welches Bindungsstellen besetzen kann, aber nicht, ist der Gehalt an messbarem Tracer umgekehrt proportional zu der Hormonkonzentration. Dieses ist durch einen verminderten Substratumsatz (Ellmann`s Reagenz) durch die Acetylcholinesterase und damit einhergehenden durch eine entsprechend proportional geringere Farbstoffsynthese durch die Acetylcholinesterase photometrisch nachweisbar. Nach den Herstellerangaben lagen die unteren Detektionslimits bei 20 pg/mL für E2, 6 pg/mL für T, 1,3 pg/mL für 11-KT und 1,95 pg/mL für DHP. Die Reagenzien und Lösungen, welche für den Assay, bzw. die Extraktion der Plasmaproben benötigt wurden sind in Tabelle 13 aufgeführt.

Tabelle 13: Reagenzien und Lösungen für die Ausführung der EIAs und die Extraktion von Plasma.

Reagenz/Lösung	Beschreibung	Hersteller
Diethylether	>99,5 % p.a.	Roth
UltraPure-Wasser	Deionisiert und frei von organischen Verunreinigungen	Cayman Chemicals
ACE kompetitive EIA Kits	EIA Platten 96 well (beschichtet mit monoklonalen Maus anti-Kaninchen IgG) EIA-Pufferkonzentrat (10x) Ellmann`s Reagenz Hormon-Stammösungen in EtOH (E2: 400 ng/mL, T: 50 ng/mL, 11-KT: 10 ng/mL, DHP: 25 ng/mL) Hormonspezifische Antiseren Tracer Tween 20 Wasch-Pufferkonzentrat (400x)	Cayman Chemicals

Für die Durchführung des Assays selbst waren folgende Lösungen anzufertigen:

EIA Antiserum + EIA Tracer	1 Verpackungseinheit (VPE) für 96 Reaktionen wurde in 6 mL UltraPure-Wasser gelöst und mit 6 µL Antiserum - bzw. Tracerfarbstoff versetzt und bei 4°C gelagert
EIA-Puffer	10 mL EIA Puffer (10x) wurden in 90 mL UltraPure-Wasser gelöst
Ellmann´s Reagenz	1 VPE Ellmann´s Reagenz wurde in 20 mL UltraPure-Wasser gelöst und vor Lichteinfall geschützt für max. 24 h gelagert.
Hormon-Standards	100 µL der jeweiligen Hormonstammlösung wurden mit 900 µL UltraPure-Wasser verdünnt, um die Ausgangslösung zu erhalten. Diese wurde für eine Verdünnungsreihe mit

	EIA-Puffer verwendet. Die jeweilige Standardreihe wurde stets am Herstellungstag verbraucht.
Waschpuffer	2,5 mL Waschpufferkonzentrat (400x) wurden in 1 L UltraPure-Wasser zusammen mit 500 µL Tween 20 gelöst und bei 4°C gelagert.

Vor der eigentlichen Analyse der Plasmahormonkonzentration war es nötig das Plasma zu extrahieren. Dafür wurden jeweils 100 µL gefrorenes Plasma auf Eis lagernd langsam aufgetaut und nachfolgend gevortext. Das Plasma wurde daraufhin zusammen mit 1 mL Diethylether in 5 mL-Schnappdeckelgläschen überführt und für 30 sec gevortext. Nach einer angeschlossenen Lagerung bei -80°C gefror die wässrige Phase und der nichtgefrorene Überstand konnte in ein weiteres Schnappdeckelgläschen überführt werden. Dieser Extraktionsvorgang wurde nochmals mit der verbliebenen wässrigen Phase wiederholt und der entstehende Überstand wurde wiederum in das zweite Schnappdeckelgläschen verbracht. Nach einem Zeitraum von ca. 12 h bei Raumtemperatur war der Diethylether verdampft und die Gläschen wurden bis zur Analyse bei -20°C gelagert.

Bei einem Analysedurchgang konnten jeweils 36 Proben gemessen werden, dabei wurden stets die Werte für E2, T, 11-KT und DHP in 4 parallel durchgeführten EIAs ermittelt. Durch vorhergehende Testmessung wurde die für die Verdünnung der Plasmaproben benötigte Menge an EIA-Puffer ermittelt, damit diese innerhalb des durch den jeweiligen Assay vorgegeben Konzentrationsbereichs lag. Jeder Assay wurde gemäß den Vorgaben des Herstellers durchgeführt. Dafür wurden jeweils im Duplikat 50 µL der Hormonstandardreihe oder der Plasmaprobe in ein dafür vorgesehenes Well pipettiert. In jedes Well wurden ebenso 50 µL des spezifischen Tracers und 50 µL des Antiserums zugegeben. Überdies wies jeder Assay eine bestimmte Anzahl von Wells auf, die entsprechend den Herstellervorschriften verschiedene Kombination von Antiserum, Tracer und EIA-Puffer enthielten, um Messungen bezüglich nicht-spezifischer Bindung, totaler Aktivität, maximaler Bindung und Hintergrundabsorption durchführen zu können. Die Platten wurden mit einer speziellen Selbstklebefolie verschlossen und für 1 h (E2), 2 h (T, 11-KT) oder über Nacht bei

4°C (DHP) oder bei Raumtemperatur (E2, T, 11-KT) auf einem Orbitalshaker (MTS2/4 digital, IKA GmbH) inkubiert. Nach Ablauf der Inkubationszeit wurden jedes Well 5 x mit jeweils 200 µL Waschpuffer mittels eines vollautomatischen Plattenwäschers (ELx50, BIO-TEK®) gespült, um anschließend mit 200 µL Ellmann´s Reagenz entwickelt zu werden. Für die Entwicklungszeit von 30 – 90 min wurden die Platten mit Aluminiumfolie vor Lichteinstrahlung geschützt. Anschließend wurde die Absorption bei 412 nm mittels eines 96-Well-Plattenmessgerätes (Infinite M200, Tecan) bestimmt. Die Kalkulationen der Hormonkonzentrationen der einzelnen Proben erfolgten anhand der entsprechenden Hormonstandardkurve, unter Berücksichtigung des jeweiligen Verdünnungsfaktors, in Logit-Log-Plots.

2.8. Statistische Auswertung

Die statistische Auswerung erfolgte mit dem Software-Packet Graph-Pad Prism 4.03 (GraphPad Software, Inc). Alle Datensätze wurden hinsichtlich der Normalverteilung mittels des Kolmogorov-Smirnow Tests überprüft. Für die Überprüfung der Homogenität der Varianzen wurde der Levene Test verwendet. Erfüllten die Daten die Voraussetzung der Normalverteilung und einer Homogenität der Varianzen, erfolgte die Analyse auf signifikante Unterschiede mittels einfacher Varianzanalyse (ANOVA), gefolgt von einem Tukey-Kramer *post hoc* Test für multiple Vergleiche. Erfüllten die Daten die Voraussetzungen für einen parametrischen Test nicht, wurden diese zunächst log-transformiert und erneut getestet. Falls dadurch keine Übereinstimmungen für die Durchführung eines parametrischen Tests erreicht werden konnten, wurden diese Daten mittels eines Nicht-parametrischen Tests analysiert. Hierfür wurde der Kruskal-Wallis gefogt von einem Dunn's post hoc Test für multiple Vergleiche unterzogen. Unterschiede wurden als signifikant bewertet, wenn sie ein $p<0,05$ aufwiesen.

3. Ergebnisse

Im Ergebnissteil werden die Effekte verschiedener Temperaturprotokolle, z. T. in Verbindung mit spezifischen Lichtregimen, auf die Wachstumsparameter, die Reifung, die mRNA-Expression der Gonadotropine (Versuchsdurchgang 1 und 3) und den Konzentrationsverlauf der Sexualsteroide im Plasma präsentiert. In den entsprechenden Abbildungen aller drei Versuchsdurchgänge wurden zum Zwecke der Übersichtlichkeit die Werte der jeweiligen Beprobungen z. T zueinander versetzt dargestellt. Dies dient nur der Übersichtlichkeit und steht nicht im Zusammmenhang mit einer zeitlichen Variation innerhalb eines Beprobungstermins

3.1. Versuchsdurchgang 1

Im 1. Versuchsdurchgang wurden die Zander Temperaturen zwischen 6°C und 23°C ausgesetzt und die Effekte dieser Temperaturen auf verschieden Parameter untersucht. Diese Effekte der Temperaturbehandlung auf die Wachstumsparameter, den GSI, die Reifung, die mRNA-Expression der Gonadotropine und den Konzentrationsverlauf der Sexualsteroide sind nachfolgend dargestellt. Die Anzahl beprobter Tiere ist dabei Tabelle 14, 16 und 18 zu entnehmen.

3.1.1. Wachstumsparameter

Nach 5-monatiger Versuchsdauer konnte bei männlichen und weiblichen Tieren der 23°C Gruppe eine signifikante Zunahme ($p<0,05$) der untersuchten Wachstumsparameter: Gewicht, Länge und Konditionsfaktor (K), im Vergleich zu den Tieren der 6°C-, 9°C-, 12°C- und 15°C-Gruppe und im Vergleich zu den Ausgangswerten zu Beginn des Versuchs (Tag 0), festgestellt werden (Abb. 11). Besonders ausgeprägt waren die Zuwachsraten zwischen dem 3. und 5. Monat. Da die statistische Auswertung keinerlei Unterschiede zwischen den Milchnern und Rogner erkennen ließ, wurden diese für die Auswertung und Darstellung der Wachstumsparameter zusammengefasst (Abb. 11). Die Anzahl beprobter Tiere ist Tabelle 14 zu entnehmen.

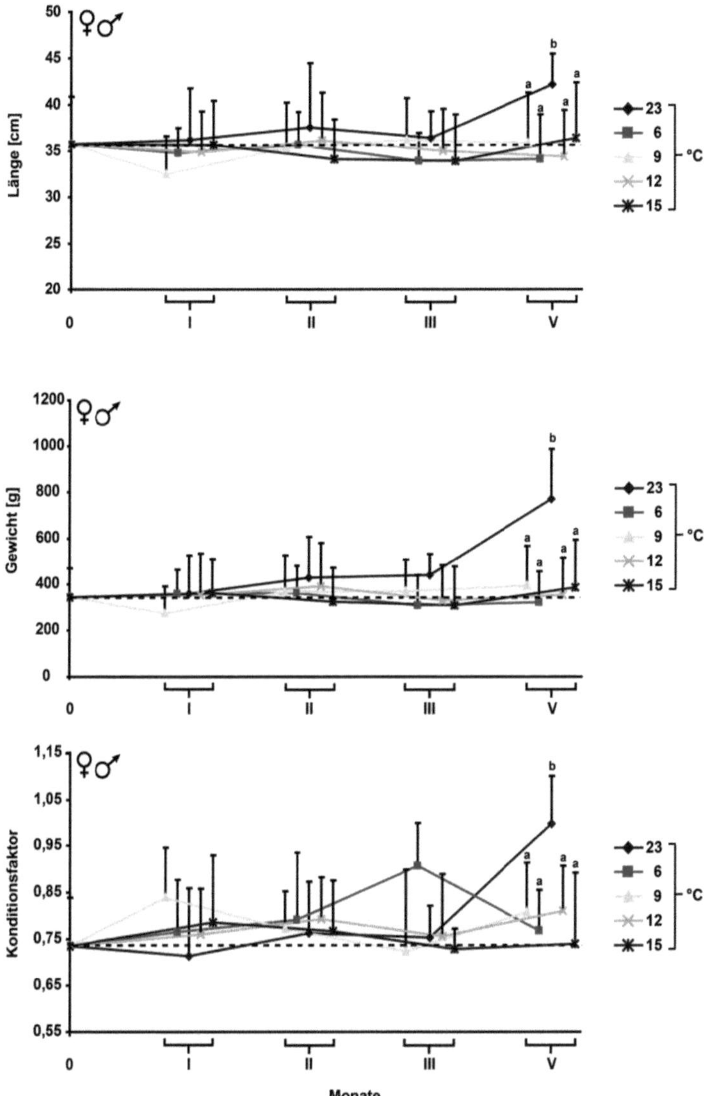

Abbildung 11: Effekt der Temperaturbehandlung auf die Wachstumsparameter Länge (cm), Gewicht (g) und Konditionsfaktor (K) (Mittelwert ± Standardabweichung). Die Wachstumsparameter von Zander beiderlei Geschlechts, welche bei 6, 9, 12, 15 und 23°C gehältert wurden, wurde nach 0, I, II, III und V Monaten bestimmt. Die gestrichelte Linie gibt den Wert des jeweiligen Wachstumsparameters der Tiere am Tag 0 an. Die Anzahl beprobter Tiere ist Tabelle 14 zu entnehmen. Signifikante Unterschiede zwischen den Werten innerhalb einer Beprobung sind durch Buchstaben gekennzeichnet ($p<0{,}001$; Tukey-Kramers multiple comparison Test).

Tabelle 14: Anzahl beprobter Zander geordnet nach Monat der Beprobung und Temperatur.

Temperatur °C	Beprobungstermine (Monate)				
	0	I	II	III	V
23	11	9	9	9	26
6		9	9	9	13
9		9	9	9	24
12		9	9	9	11
15		9	9	9	13

3.1.2. Reifung der Gonaden – gonado-somatischer Index und histologische Analyse

3.1.2.1. Weibchen – gonado-somatischer Index (GSI)

Zu Beginn des Versuchs (Tag 0) wiesen die Weibchen einen GSI von 0,9 ± 0,2 % auf. Nach einer Laufzeit von 3 Monaten wurde die erste signifikante Zunahme ($p<0,05$) des GSI bei Tieren der 12°C-Gruppe (3,4 ± 2,1 %), gegenüber den Ergebnissen von Tag 0 (gestrichelte Linie in Abb. 12), sowie gegenüber Tieren der 6°C- (1,3 ± 0,7 %) und der 23°C-Gruppe (1,2. ± 0,3 %) verzeichnet. Am Ende des Versuchszeitraums von 5 Monaten war der GSI von Weibchen der 9°C- (3,9 ± 2,7 %), 12°C- (4,2 ± 1,6 %) und 15 °C-Gruppe (4,7 ± 1,8 %) gegenüber denen der 6°C- (1,2 ± 0,6 %) und 23°C-Gruppe (0,8 ± 0,3 %), sowie denen des Tages 0 (0,9 ± 0,2 %) signifikant erhöht (Abb. 12). Die Anzahl der jeweils beprobten Tiere ist der Tabelle 16 zu entnehmen.

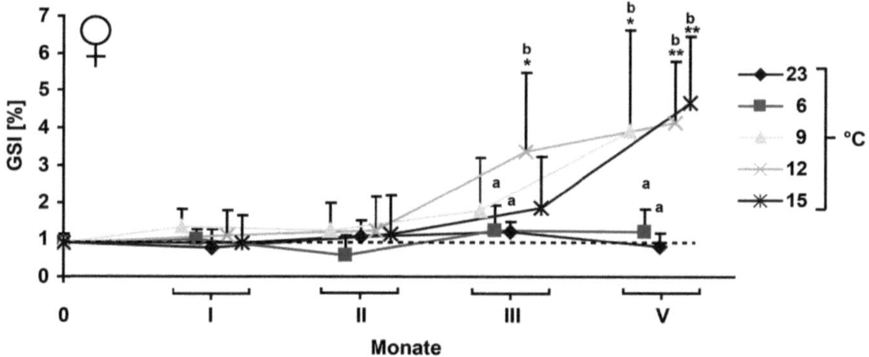

Abbildung 12: Effekt der Temperaturbehandlung auf den GSI (Mittelwert ± Standardabweichung). Der GSI weiblicher Zander, welche bei 6, 9, 12, 15 und 23°C gehältert wurden, wurde nach I, II, III und V Monaten bestimmt. Die gestrichelte Linie gibt den GSI der Tiere am Tag 0 an. Die Anzahl beprobter Tiere ist Tabelle 16 zu entnehmen. Signifikante Unterschiede zwischen den Werten und dem GSI am Tag 0 sind mit Sternchen (* $p<0,05$; ** $p<0,01$), Unterschiede zwischen den Werten innerhalb einer Beprobung durch Buchstaben gekennzeichnet (I, II und III: $p<0,05$ Dunns multiple comparison Test; V: $p<0,001$; Tukey-Kamers multiple comparison Test).

3.1.2.2. Weibchen - histologische Analyse

Der in den verschiedenen Behandlungsgruppen beobachtete Verlauf des GSI spiegelte sich ebenfalls in den Ergebnissen der histologischen Analyse wider. Die der Analyse zugrundeliegenden morphologischen Charakterisierungen sind in Tabelle 6 aufgeführt. Bereits nach 4 Wochen der Hälterung bei 12°C wurden Rogner vorgefunden, welche sich im frühen (33 %) (FV) sowie mittleren (44 %) (MV) Stadium der Vitellogenese befanden (Abb. 13). Im zweiten Monat wurde in allen Behandlungsgruppen eine Zunahme vitellogener Tiere beider Reifestadien beobachtet. Besonders bei Rognern, welche bei 15°C gehältert wurden, war diese Zunahme mit 60 % Tieren in FV und 40 % MV besonders ausgeprägt. 60 % der untersuchten Weibchen waren bereits im Stadium der frühen Vitellogenese und 40 % im mittleren Reifestadium. Nach 3-monatiger Versuchsdauer waren 87,5 % aller untersuchten Weibchen der 12°C-Gruppe MV. Rogner der anderen Versuchsgruppen zeigten dagegen eine weniger fortgeschrittene Reifung (Abb. 13). Nach 5 Monaten war dann der Prozentsatz von Weibchen im mittleren Stadium der Vitellogenese nicht nur in Tieren der 12°C-Gruppe (92 %), sondern ebenfalls in Weibchen der 9°C- (87,5 %) und 15°C- (86 %) Gruppe erhöht. Dagegen stagnierte der Reifungsprozess sowohl in den weiblichen

Zandern der 6°C, als auch in Tieren der 23°C-Gruppe nahezu komplett (Abb. 13). In Rognern, welche bei 6°C gehältert wurden, waren nur 28 % im mittleren Reifestadium. In der 23°C Gruppe konnten dagegen keine Weibchen im mittleren Stadium der Vitellogenese gefunden werden, allerdings waren hier immerhin 31 % FV.

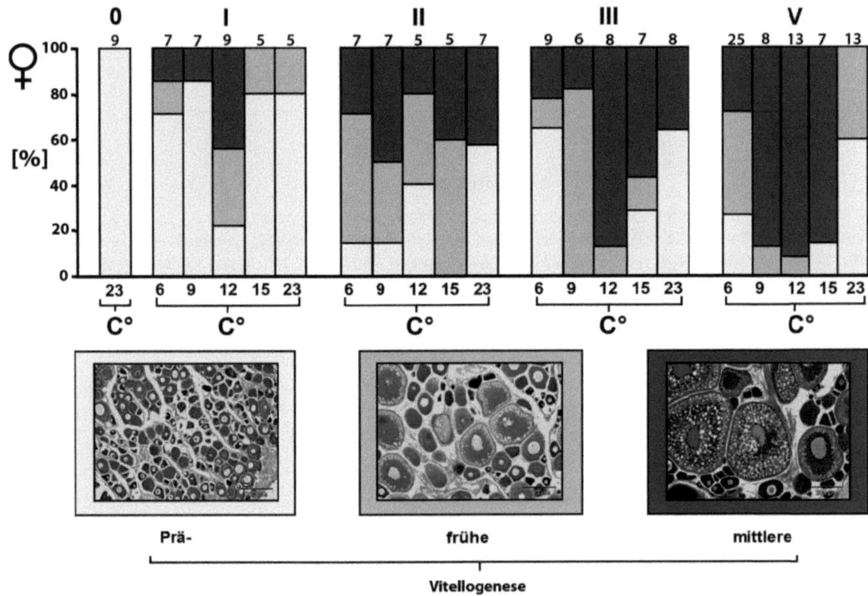

Abbildung 13: Effekt der Temperaturbehandlung auf die prozentuale Verteilung des jeweiligen Reifungszustandes der Ovarien weiblicher Zander, welche bei 6, 9, 12, 15 und 23°C gehältert wurden (beprobt nach einer Hälterungsdauer von 0, I, II, III und V Monaten). Die Anzahl beprobter Tiere ist über den jeweiligen Säulen angegeben.

3.1.2.3. Männchen – gonado-somatischer Index

Da während des gesamten Versuchsverlaufs nur 51 Männchen untersucht wurden, erfolgte die Analyse entsprechend der Behandlungstemperatur, ungeachtet des jeweiligen Beprobungstermins (Abb. 14). Eine signifikante Zunahme ($p<0,05$) des GSI wurde in den Männchen der 9°C- (0,6 ± 0,8 %) und 12°C-Gruppe (0,8 ± 0,9 %), im Vergleich mit Milchnern der 23°C-Gruppe (0,1 ± 0,03 %), festgestellt (Abb. 14). Milchner, welche bei 6°C und 15°C gehältert wurden, zeigten dagegen nur eine geringfügige Zunahme des gonado-somatischen Index (Abb. 14).

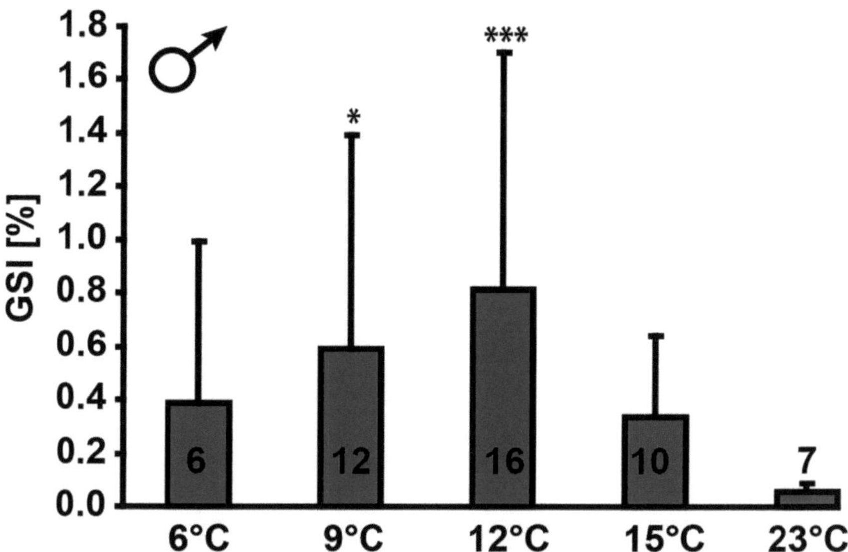

Abbildung 14: Effekt der Temperaturbehandlung auf den GSI (Mittelwert ± Standardabweichung) männlicher Zander, welche bei 6, 9, 12, 15 und 23°C gehältert wurden. Die Anzahl beprobter Tiere ist in den jeweiligen Säulen angegeben. Signifikante Unterschiede zwischen den GSI-Werten der jeweiligen Temperaturen sind mit Sternchen gekennzeichnet (* $p<0{,}05$; ** $p<0{,}01$; Dunns multiple comparison Test).

3.1.2.4. Männchen – histologische Analyse

Durch die histologische Auswertung der Hoden konnte der größte Anteil von Männchen, welche sich im frühen und mittleren Stadium der Spermatogenese befanden, in der 9°C- (58 und 25 %) und der 12°C-Gruppe (50 und 37,5 %) ausgemacht werden. Die dabei verwendeten Kriterien der Klassifizierung sind in Tabelle 7 angegeben. In Zandern der 6°C- und 15°C-Gruppe spiegelten sich die Ergebnisse der Auswertung des GSI wider (Abb. 15). Diese Tiere zeigten generell eine weniger fortgeschrittene Reifung als Tiere der 9°C- und 12°C-Gruppen. Bei den 6°C-Milchnern waren 50 % im frühen und nur 6 % im mittleren Reifestadium. Bei Zander, welche bei 15°C gehältert wurden, waren jeweils 30 % im frühen und mittleren Stadium der Spermatogenese. Vergleichbar mit den histologischen Befunden der Rogner stagnierte in den Milchnern der 23°C-Gruppe der gonadalen Reifungsprozess (Abb. 15).

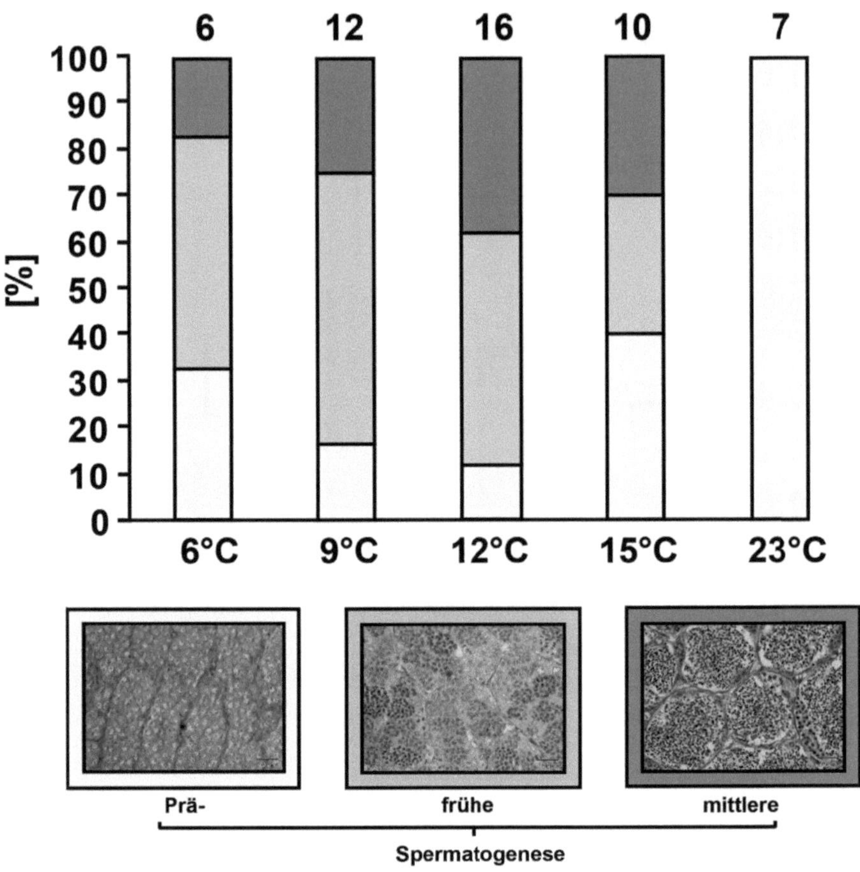

Abbildung 15: Effekt der Temperaturbehandlung auf die prozentuale Verteilung des jeweiligen Reifungszustandes in den Testikel männlicher Zander, welche bei 6, 9, 12, 15 und 23°C gehältert wurden. Die Anzahl beprobter Tiere ist über den Säulen angegeben.

3.1.3. Genexpressionsanalyse

Da für *Sander lucioperca* keinerlei mRNA-Sequenzdaten verfügbar waren, wurden diese für die Gene LHβ, FSHβ und das housekeeping Gen, das ribosomales Protein L8 identifiziert. Die Sequenzen wurden an die GenBankTM übermittelt (Tab. 13).

Tabelle 15: NCBI-Identifikationsnummer und Größe der mRNA-Sequenzen des Zanders.

Zander-mRNA	NCBI-Identifikationsnummer	Grösse bp
Follikel stimulierendes Hormon, β-Untereinheit	HQ259048	85
Luteinisierendes Hormon, β-Untereinheit	HQ259049	134
Ribosomales Protein L8	HQ259050	167

3.1.3.1. Weibchen - Genexpressionsanalyse

Die Genexpressionsmuster aus Hypophysen der weiblichen Tiere wurden entsprechend der nachfolgenden Beschreibung analysiert und dargestellt:

I Analyse der jeweiligen Reifungsstadien (prä, frühe und mittlere Vitellogenese) nach Temperatur

Die Analyse nach den Reifungsstadien zwischen den einzelnen Temperaturen ergab nur für die Tiere der 6°C-Gruppe im frühen Stadium der Vitellogenese eine signifikante Erhöhung der Genexpression für FSHβ (2,4 fach) und LHβ (2,2 fach), gegenüber der mRNA-Expression in Tieren der Kontrollgruppe.

II. Analyse im Vergleich der Expressionsmuster der 3 verschiedenen Reifestadien

Die Genexpressionsanalyse ergab für FSHβ als auch für LHβ eine vom Reifegrad abhängige Regulation (Abb. 16).

Im Vergleich zu prävitellogenen (PV) Weibchen war die FSHβ-Expression in der Hypophyse frühvitellogener (FV) Tiere 2-fach erhöht, gegenüber solchen im mittleren Stadium der Vitellogenese 2,3-fach erhöht ($p<0,001$) (Abb. 16). Eine noch deutlichere Abhängigkeit der mRNA-Expression vom Reifestadium wurde für LHβ festgestellt (Abb. 16). Hier war die Steigerung der Expression noch stärker ausgeprägt. In FV-Weibchen war dabei die Expression an LHβ 2,7-fach, die der Tiere im mittleren

Reifestadium 6,1-fach, gegenüber prävitellogenen Tieren gesteigert ($p<0,001$). Im Vergleich zur Expression von FSHβ war die Expression von LHβ der MV-Weibchen signifikant erhöht gegenüber PV- und MV-Tieren ($p<0,001$) (Abb. 16).

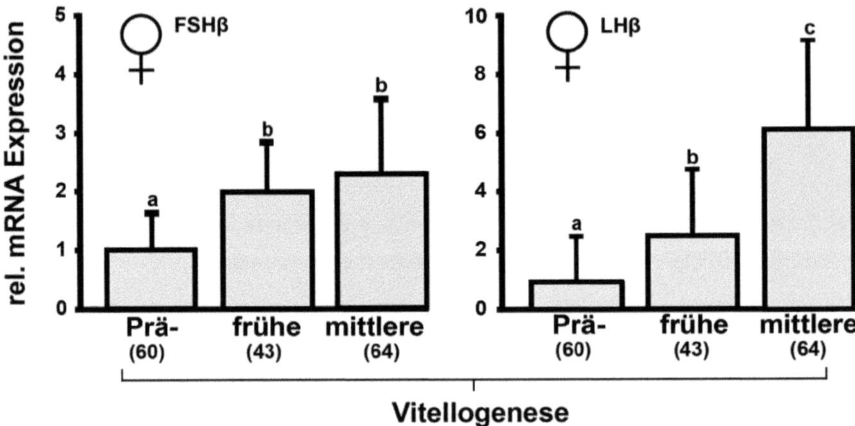

Abbildung 16: mRNA-Expression (Mittelwert ± Standardabweichung) der β-Untereinheit des Follikel stimulierenden Hormons (FSHβ) und des luteinisierenden Hormons (LHβ) der Hypophyse weiblicher Zander, abhängig vom Reifungszustand der Ovarien. Alle Expressionswerte stehen im Verhältnis zu Weibchen, welche prävitellogen waren. Deren Expression wurde auf 1 normalisiert. Die Anzahl beprobter Tiere ist in Klammern unterhalb der entsprechenden Säule angegeben. Signifikante unterschiedliche Expressionswerte sind oberhalb der Säulen mit Buchstaben gekennzeichnet ($p<0,05$; Dunns multiple comparison Test)

III. Analyse nach Beprobungszeitraum innerhalb der 5 verschiedenen Temperaturen

Die Analyse der mRNA-Expressionswerte über den gesamten Versuchszeitraum innerhalb der jeweiligen Temperatur zeigte schon nach einem Monat eine signifikante Erhöhung für die Expression von FSHβ und ab dem zweiten Monat ebenso für LHβ (außer für die 23°C-Gruppe und für die 6°C für LHβ) im Vergleich mit den Werten zum Versuchsstart.

Die FSHβ-Expression war deutlich nach 3 Monaten in der 9°C- (2,6-fach) und nach 5 Monaten in der 12°C-Gruppe erhöht (2,6-fach) (hier im Vergleich mit der 23°C Gruppe des entsprechenden Monats) (Abb. 17). Die LHβ-Expression war dagegen bereits ab dem zweiten Monat in Rognern der 15°C-Gruppe (3,4-fach) signifikant erhöht, nach drei Monaten war dies ebenfalls in der 12°C-Gruppe (6,6-fach) der Fall. Zum

Versuchsende waren nicht nur die LHβ Expressionswerte der 12°C (3,7-fach) und der 15°C-Gruppe (6,9-fach) signifikant angestiegen, sondern zusätzlich die Werte der Tiere, die bei 9°C gehältert wurden (3,3-fach) (Abb. 17). Entsprechend den Ergebnissen des GSI und der histologischen Analyse waren die Expressionswerte sowohl für LHβ als auch für FSHβ inder 6°C- und besonders in der 23°C-Gruppe nur geringfügig erhöht (Abb. 17).

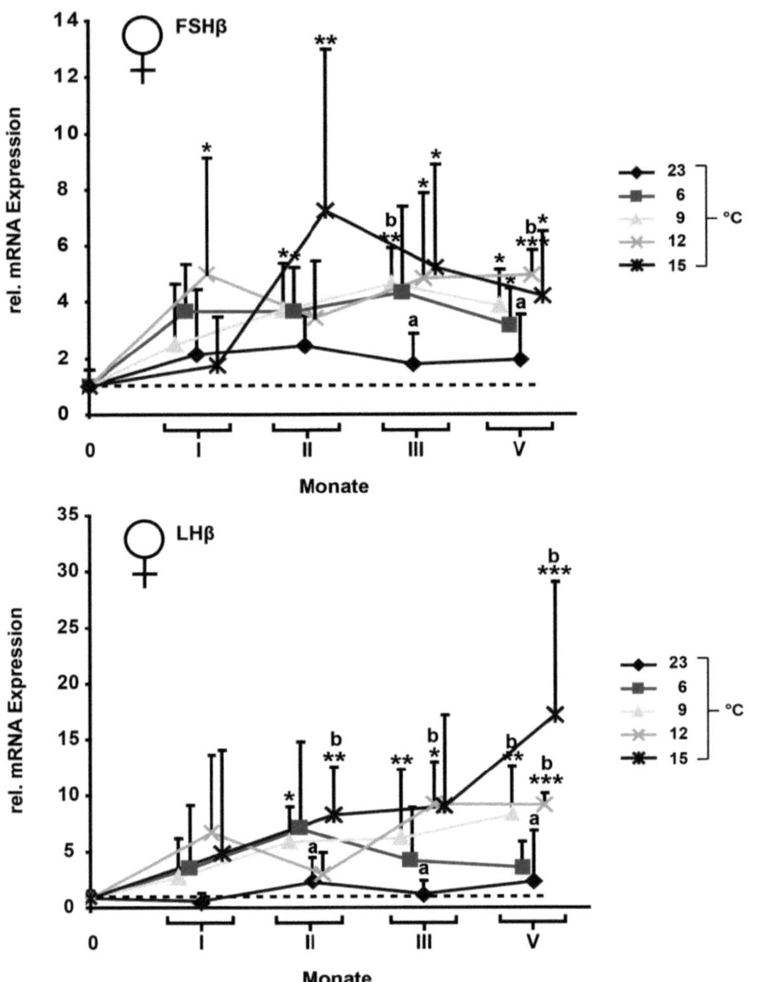

Abbildung 17: Effekt der Temperaturbehandlung auf die mRNA-Expression (Mittelwert ± Standardabweichung) der β-Untereinheit des luteinisierenden Hormons (LHβ) und des Follikel stimulierenden Hormons (FSHβ) der Hypophyse weiblicher Zander (Mittelwert ± Standardabweichung). Die mRNA-Expression weiblicher Zander, welche bei 6, 9, 12, 15 und 23°C gehältert wurden, wurde nach 0, I, II, III und V Monaten bestimmt. Die gestrichelte Linie gibt die mRNA-Expression der Tiere am Tag 0 an. Die Anzahl beprobter Tiere ist Tabelle 16 zu entnehmen. Signifikante Unterschiede zwischen den Expressionswerten gegenüber denen am Tag 0 sind mit Sternchen (* $p<0,05$; ** $p<0,01$; *** $p<0,001$), Unterschiede zwischen den Werten innerhalb einer Beprobung durch Buchstaben gekennzeichnet ($p<0,05$ Dunns multiple comparison Test).

3.1.3.2. Männchen - Genexpressionsanalyse

Vergleichbar mit den Beobachtungen bei den weiblichen Zandern, wurde bei Zandern, welche sich im frühen und mittleren Stadium der Spermatogenese befanden eine signikante (p<0,001) Erhöhung der mRNA-Expression in den Hypophysen von FSHβ und LHβ im Vergleich mit unreifen (präspermatogenen) Milchnern festgestellt (Abb. 18). Die Werte für die FSHβ Expression waren bei früh-Spermatogenen (FS) Tieren 2-fach und in Tieren im mittleren Stadium der Spermatogenese (MS) 1,9-fach angestiegen (Abb. 18). Wie auch bei den Weibchen war die Steigerung der LHβ-Expression noch deutlicher ausgeprägt als die für FSHβ. Hier wurden Erhöhungen um das 2,9- und 3,4-fache für FS- und MS-Tiere festgestellt (Abb. 18).

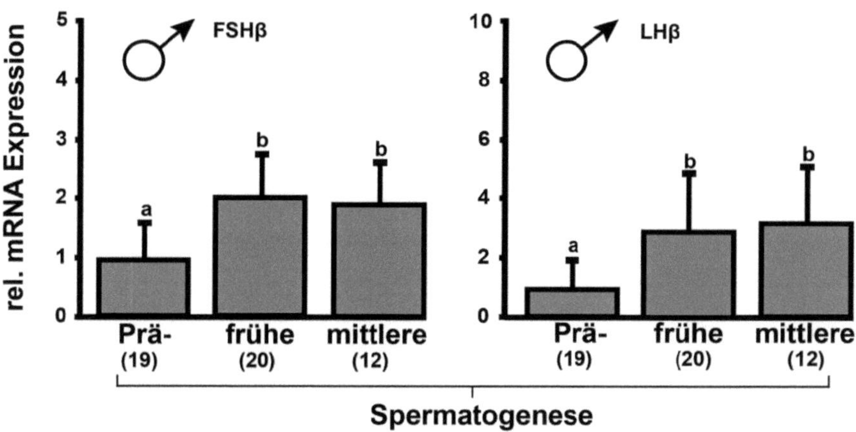

Abbildung 18: mRNA-Expression (Mittelwert ± Standardabweichung) der β-Untereinheit des Follikel stimulierenden Hormons (FSHβ) und des luteinisierenden Hormons (LHβ) der Hypophyse männlicher Zander abhängig vom Reifungszustand der Testikel. Alle Expressionwerte stehen im Verhältnis zu Männchen, welche präspermatogen waren. Deren Expression wurde auf 1 normalisiert. Die Anzahl beprobter Tiere ist in Klammern unterhalb der entsprechenden Säule angegeben. Signifikante unterschiedliche Werte der Expressionen sind oberhalb der Säulen als Buchstaben dargestellt (p<0,05; Dunns multiple comparison Test).

3.1.4. Sexualsteroide

3.1.4.1. Weibchen - Analyse der Sexualsteroide nach dem Stadium der Reifung

Die Analyse der Sexualsteroide im Plasma weiblicher Zander zeigte einen klaren Anstieg abhängig vom Reifezustand (Abb. 19 und Abb. 20). Bei Rognern im mittleren Stadium der Vitellogenese wurde eine deutliche ($p<0,05$) Erhöhung von E2 (770 ± 790 pg/mL), T (3095 ± 5075 pg/mL) und 11-KT (77 ± 66 pg/mL) im Vergleich mit PV-Tieren (E2: 170 ± 75 pg/mL, T: 663 ± 1088 pg/mL und 11-KT: 55 ± 45 pg/mL) sichtbar. Die Werte des DHP zeigten dagegen keinerlei Veränderungen.

3.1.4.1.2. Weibchen - Analyse der Sexualsteroide nach Temperaturregime über den Versuchszeitraum

Das angewandte Temperaturegime übte einen nachhaltigen Effekt auf die Konzentrationen von E2, T und 11-KT aus. Nicht beeinflußt wurden dagegen die Konzentrationsverläufe an DHP. Die Anzahl beprobter Tiere ist der Tabelle 16 zu entnehmen.

17ß-Estradiol

Bei der Auswertung nach Temperaturregime und Zeitraum konnte besonders bei den Zandern aus der 12°C-Gruppe eine ausgeprägte, temperaturabhängige Erhöhung der Konzentrationen an E2 festgestellt werden.

Bereits nach einer Hälterungsdauer von 3 Monaten wurde in den Rognern der 12°C-Gruppe bereits ein signifikanter Anstieg ($p<0,05$) des E2 (1025 ± 934 pg/mL), verglichen mit Tieren, welche bei 6°C (248 ± 305 pg/mL) oder 23°C (203 ± 37 pg/mL) gehältert wurden, beobachtet werden (Abb. 19). Auch in Rognern der 15°C-Gruppe (614 ± 623 pg/mL) war eine Erhöhung gegenüber den Werten zu Versuchsbeginn (91 ± 74 pg/mL) zu verzeichnen. Nach 5-monatiger Hälterung setzte sich dieser

Trend fort. Verglichen mit Tieren welche bei 6°C (169 ±145 pg/mL) oder 23°C (181 ± 102 pg/mL) gehalten wurden und zu den Basiswerten am Tag 0 (12°C und 15°C) waren in Weibchen der 9°C- (613 ± 781 pg/mL), 12°C- (980 ± 865 pg/mL) oder 15°C- (617 ± 559 pg/mL) Gruppen die Plasmakonzentrationen an E2 signifikant erhöht (Abb. 19).

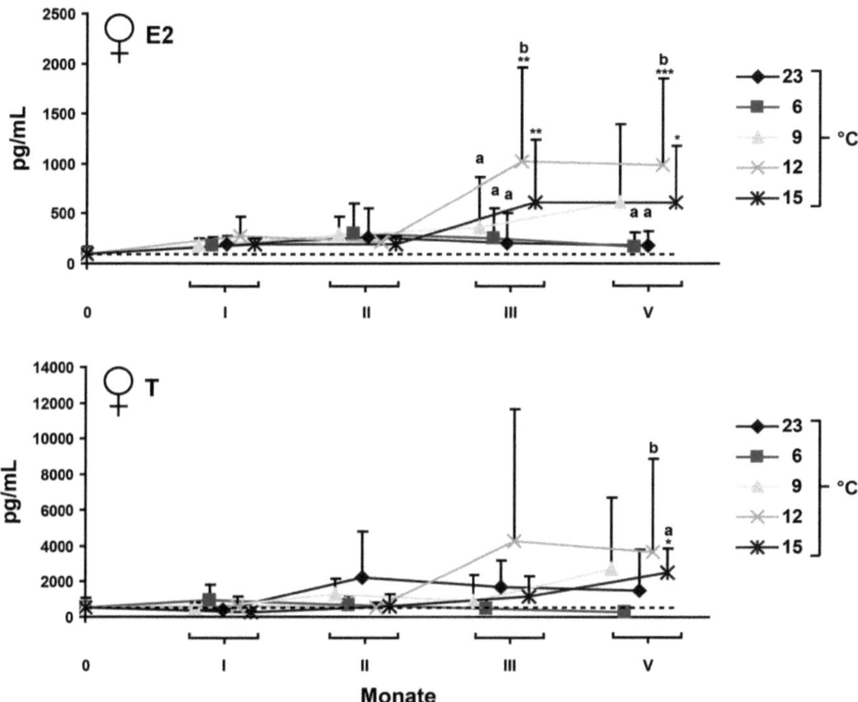

Abbildung 19 Effekt der Temperaturbehandlung auf die Plasmakonzentrationen (Mittelwert ± Standardabweichung) der Sexualsteroide E2 und T. Die Plasmakonzentration der Sexualsteroide weiblicher Zander, welche bei 6, 9, 12, 15 und 23°C gehältert wurden, wurde nach 0, I, II, III und V Monaten bestimmt. Die gestrichelte Linie gibt die entsprechende Plasmakonzentration der Sexualsteroide der Tiere am Tag 0 an. Die Anzahl beprobter Tiere ist Tabelle 16 zu entnehmen. Signifikante Unterschiede zwischen den entsprechenden Konzentrationen und den Werten am Tag 0 sind mit Sternchen (* p<0,05; ** p<0,01; *** p<0,001 Dunns multiple comparison Test), Unterschiede zwischen den Konzentrationen innerhalb einer Beprobung durch Buchstaben gekennzeichnet (I, II und V: p<0,001; Tukey-Kamers multiple comparison Test, III: p<0,05 Dunns multiple comparison Test).

Testosteron und 11-Ketotestosteron

Bei den gemessenen Plasmakonzentrationen beider Androgene wurde erst zum Versuchsende hin ein temperaturabhängiger Effekt sichtbar.

Besonders in der 12°C-Gruppe mit T (3633 ± 5225 pg/mL) und 11-KT (113 ± 71 pg/mL) war die Steigerung signifikant ($p<0,05$) höher als bei den 6°C-Weibchen, mit T (287 ± 296 pg/mL) und 11-KT (39 ± 35 pg/mL) sowie gegenüber Tieren der 15°C-Gruppe für T (2497 ± 1313 pg/mL) (Abb. 20). Bei beiden Androgenen waren die geringsten Steigerungsraten bei Rognern der 6°C- und 23°C-Gruppen zu beobachten. Generell war der Konzentrationsanstieg für T ausgeprägter als der für 11-KT.

17α,20β-Dihydroxy-4-pregnen-3-on

Über den gesamten Versuchszeitraum wurden keinerlei signifikante Veränderungen der Konzentrationen des DHP festgestellt (Abb. 20). Die gemessenen Konzentrationen fielen direkt nach Beginn des Versuchs unter die Basiswerte des Tages 0 (69 ± 42 pg/mL) und stiegen bis zum Versuchsende nicht mehr signifikant an (Abb. 20).

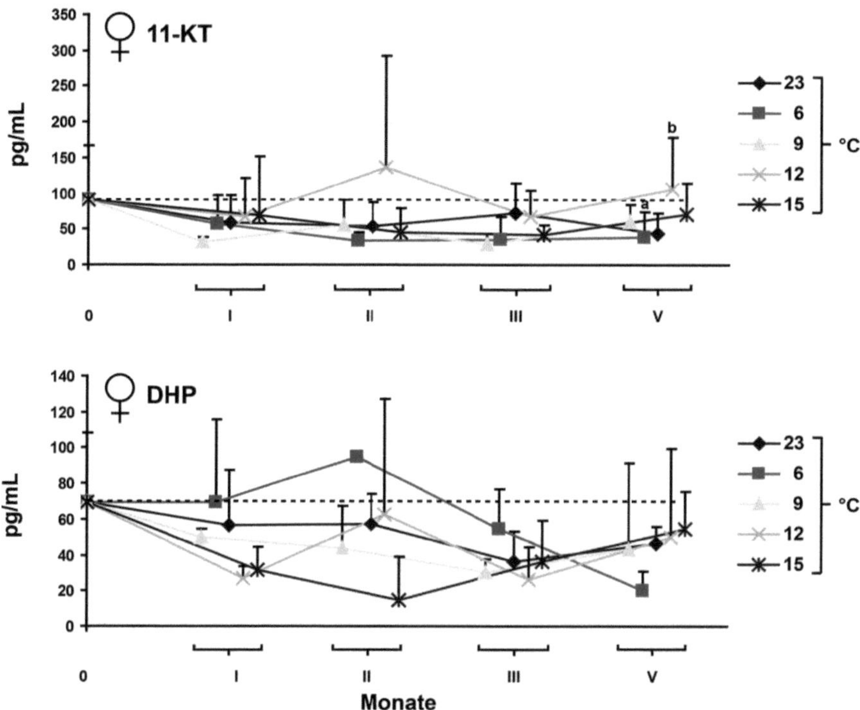

Abbildung 20: Effekt der Temperaturbehandlung auf die Plasmakonzentrationen (Mittelwert ± Standardabweichung) der Sexualsteroide 11-KT und DHP. Die Plasmakonzentration der Sexualsteroide weiblicher Zander, welche bei 6, 9, 12, 15 und 23°C gehältert wurden, wurde nach 0, I, II, III und V Monaten bestimmt. Die gestrichelte Linie gibt die entsprechende Plasmakonzentration der Sexualsteroide der Tiere am Tag 0 an. Die Anzahl beprobter Tiere ist Tabelle 16 zu entnehmen. Signifikante Unterschiede zwischen den entsprechenden Konzentrationen und den Werten am Tag 0 sind mit Sternchen (* $p<0{,}05$; ** $p<0{,}01$; *** $p<0{,}001$ Dunns multiple comparison Test), Unterschiede zwischen den Konzentrationen innerhalb einer Beprobung durch Buchstaben gekennzeichnet (I, II und V: $p<0{,}001$; Tukey-Kamers multiple comparison Test, III: $p<0{,}05$ Dunns multiple comparison Test).

Tabelle 16: Anzahl beprobter Weibchen geordnet nach Monat der Beprobung und Temperatur.

Temperatur °C	**Beprobungstermine (Monate)**				
	0	**I**	**II**	**III**	**V**
23	9	7	7	9	25
6		7	7	6	8
9		9	5	8	13
12		5	5	7	7
15		5	7	8	13

3.1.4.2. Männchen - Analyse der Sexualsteroide nach dem Stadium der Reifung

Bei den Männchen konnte für beide Androgene eine signifikante Zunahme der Plasmakonzentrationen in Abhängigkeit vom Reifungszustand festgestellt werden.

Die Werte von T waren in frühspermatogenen Männchen (2510 ± 2239 pg/mL) und Männchen im mittleren Reifestadium (5957 ± 6800 pg/mL) gegenüber präspermatogenen Tieren (1224 ± 1335 pg/mL) signifikant gesteigert ($p<0,05$) (Abb. 21).

Ein vergleichbarer Konzentrationsverlauf stellte sich ebenso für 11-KT dar. Auch hier zeigte sich eine positive Regulierung, welche sich jedoch nur für Milchner im mittleren Stadium der Spermatogenese (5649 ± 552 pg/mL) gegenüber unreifen (präspermatogenen) Tieren (849 ± 632 pg/mL) als signifikant erwies.

Hinsichtlich der gemessenen Konzentrationen von E2 und DHP konnte keine Abhängigkeit vom Grad der Reifung festgestellt werden, jedoch waren beide Hormone in jedem Reifungszustand in nahezu unveränderten Konzentrationen nachweisbar (E2: 342 ± 15 pg/mL und DHP: 73 ± 10 pg/mL) (Abb. 21).

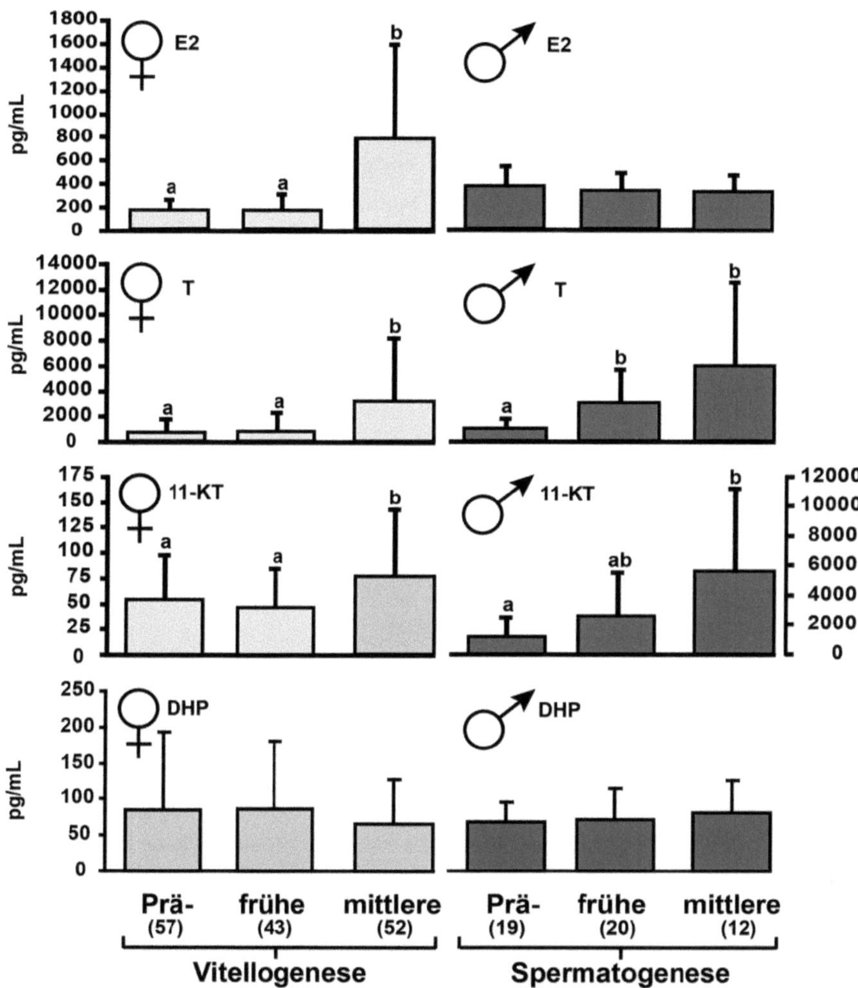

Abbildung 21: Plasmakonzentrationen (Mittelwert ± Standardabweichung) der Sexualsteroide E2, T, 11-KT und DHP weiblicher und männlicher Zander, abhängig vom Reifungszustand der Gonaden. Die Anzahl beprobter Tiere ist in Klammern unterhalb der entsprechenden Säule angegeben. Signifikante unterschiedliche Werte sind oberhalb der Säulen als Buchstaben dargestellt ($p<0,05$; Dunns multiple comparison Test).

3.2. Versuchsdurchgang 2

Die im zweiten Versuchsdurchgang angewandten Hälterungstemperaturen übten signifikante Effekte auf das Wachstum, die Reifung und den Verlauf der Sexualsteroide beider Geschlechter aus. Die Anzahl beprobter Weibchen ist der Tabelle 17, die der Männchen Tabelle 18 zu entnehmen.

3.2.1. Wachstumsparameter

3.2.1.1. Weibchen - Wachstumsparameter

Während des Versuchsdurchgangs konnte ein temperaturabhängiger Effekt auf die Wachstumsparameter Gewicht, Länge und Konditionsfaktor weiblicher Zander beobachtet werden (Abb. 22).

Bereits nach 3 Monaten zeigten Tiere, welche bei 23°C gehältert wurden, eine signifikante Zunahme an Gewicht und Länge (jeweils im Vergleich zu den entsprechenden Werten zu Beginn des Versuches an Tag 0, gestrichelte, horizontale Linie in Abb. 22). Weniger ausgeprägt war bei diesen Tieren ebenfalls ein Anstieg des Konditionsfaktors. Bis auf Rogner der 16°C-Gruppe, bei welchen ebenfalls eine leichte Zunahme an Gewicht und Länge zu verzeichnen war, wurde in keiner weiteren Gruppe ein Temperatureffekt sichtbar (Abb. 22).

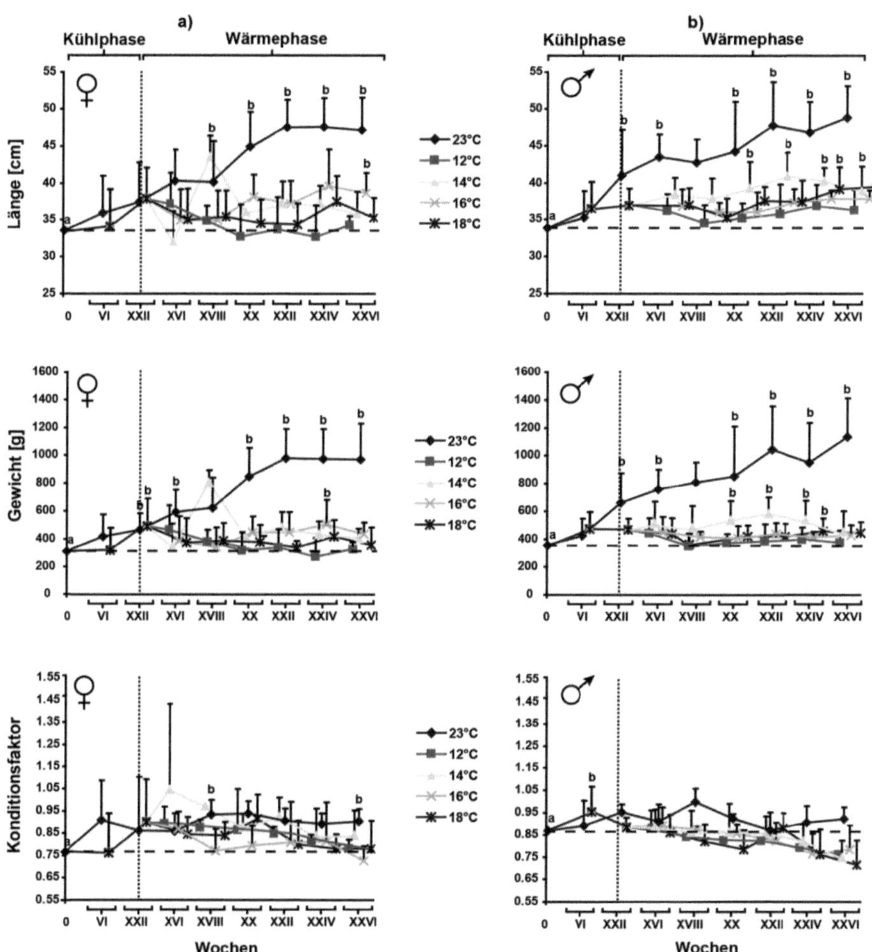

Abbildung 22: Effekt der Temperaturbehandlung auf die Wachstumsparameter Gewicht (g), Länge (cm) und Konditionsfaktor (K) weiblicher (a) und männlicher (b) Zander, welche bei 12, 14, 16 18 und 23°C gehältert wurden. Die gestrichelte horizontale Linie gibt den jeweiligen Wert des entsprechenden Wachstumsparameters der Tiere am Tag 0 an. Die gepunktete, vertikale Linie kennzeichnet das Ende der Kühlphase nach 12 Wochen und den Beginn der Wärmephase. Die Anzahl beprobter Weibchen ist Tabelle 17, die beprobter Männchen Tabelle 18 zu entnehmen. Signifikante Unterschiede zwischen den jeweiligen Wachstumsparametern einer Beprobung und den gemessenen Werten am Tag 0 sind mit Buchstaben gekennzeichnet ($p<0{,}05$, Tukey-Kramers's multiple comparison test).

Tabelle 17: Anzahl beprobter Weibchen geordnet nach Monat der Beprobung und Temperatur.

Temperatur °C	Beprobungstermine (Wochen)								
	0	VI	XII	XVI	XVIII	XX	XXII	XXIV	XXVI
23	29	6	11	9	9	3	7	8	24
12		13	7	4	7	5	0	4	5
14				5	0	6	1	4	7
16				6	7	6	7	7	11
18				3	6	2	5	7	8

3.2.1.2. Männchen – Wachstumsparameter

Auch bei den Männchen konnte ein den Weibchen vergleichbarer Effekt beobachtet werden (Abb. 22). Bei den Tieren der 23°-Gruppe war ein signifikanter Zuwachs an Gewicht und Länge bereits nach 3 Monaten zu verzeichnen (im Vergleich zu den Werten am Tag 0, gestrichelte horizontale Linie in Abb. 22). Ebenso wurde besonders bei Zandern welche bei 16°C gehältert wurden eine signifikante Zunahme an Gewicht und Länge festgestellt. Bezüglich des Konditionsfaktors konnten dagegen keine temperaturabhängigen Effekte wie bei den Rognern nachgewiesen werden. Die Anzahl der jeweils beprobten Tiere ist Tabelle 18 zu entnehmen.

Tabelle 18: Anzahl beprobter Männchen geordnet nach Monat der Beprobung und Temperatur.

Temperatur °C	Beprobungstermine (Wochen)								
	0	VI	XII	XVI	XVIII	XX	XXII	XXIV	XXVI
23	25	5	5	5	2	8	5	4	20
12		11	17	8	5	7	9	8	8
14				7	12	7	5	8	18
16				5	4	7	5	5	10
18				8	9	8	7	9	11

3.2.2. Reifung der Gonaden – histologische Analyse

Da die Probenahme unter Betäubung mittels Biopsie erfolgte, konnten aufgrund der morphologischen Gegebenheiten nur von den Rognern verwertbare Proben gewonnen werden und nicht von den Milchnern.

3.2.2.1. Weibchen - Durchmesser der Oozyten

Bereits nach 6 Wochen zeigten auf 12°C temperierte Rogner eine signifikante Zunahme (gegenüber den gemessenen Ausgangswerten am Tag 0, gestrichelte Linie in Abb. 23) des Durchmessers der Oozyten (285 ± 185 µm) (Abb. 23). Nach Ablauf der 12-wöchigen Kühlphase (gepunktete Linie in Abb. 23) konnte eine temperaturabhängige Zunahme des Durchmessers der Oocyten beobachtet werden. Die maximalen Durchmesser erreichten Tiere der 16°C-Gruppe (940 ± 35 µm) nach 18 Wochen, die der 14°C-Gruppe (940 ± 200 µm) nach 24 Wochen und die der 12°C-Gruppe (1030 ± 70 µm) nach 26 Wochen. Rogner, welche bei 18°C gehältert wurden, erreichten ihren Höchstwert mit 790 ± 320 µm nach 6 Wochen, zeigten generell jedoch die geringsten

Zuwachsraten. Bei Rognern, welche bei 23°C gehältert wurden, konnten über den gesamten Versuchszeitlauf nur minimale Veränderungen beobachtet werden. Hier lagen die Durchmesser der Oozyten stets zwischen 130 – 270 µm (Abb. 23).

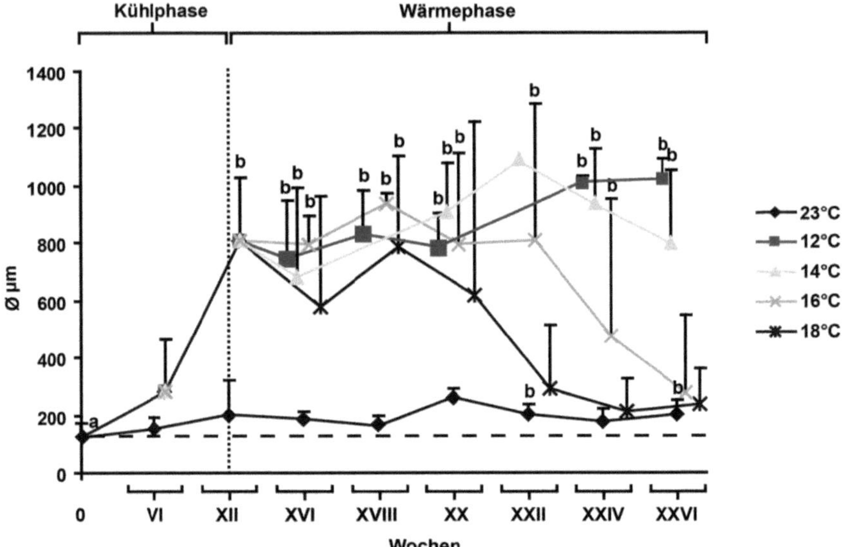

Abbildung 23: Effekt der Temperaturbehandlung auf den Durchmesser der Oozyten (Mittelwert ± Standardabweichung). Der Durchmesser der Oozyten weiblicher Zander, welche bei 12, 14, 16, 18 und 23°C gehältert wurden, wurde nach 0, VI, XII, XVI, XVIII, XX, XXII, XXIV und XXVI Wochen bestimmt. Die gestrichelte horizontale Linie gibt den Durchmesser der Oozyten der Tiere am Tag 0 an. Die gepunktete, vertikale Linie kennzeichnet das Ende der Kühlphase nach 12 Wochen und den Beginn der Wärmephase. Die Anzahl beprobter Tiere ist Tabelle 17 zu entnehmen. Signifikante Unterschiede zwischen den Werten und dem Durchmesser der Oozyten am Tag 0 sind mit Buchstaben gekennzeichnet ($p<0,05$, Dunns multiple comparison Test).

3.2.2.2. Weibchen - histologische Analyse

Die temperaturabhängige Zunahme der Oocytendurchmesser spiegelte sich auch in den Entwicklungsstadien der untersuchten Weibchen wider (Abb. 24). Bereits nach 6 Wochen wurden in den Rognern, welche die Kühlphase durchliefen, Oocyten im frühen und mittleren Stadium der Vitellogenese gefunden. Nach der 12-wöchigen Kühlphase, die der Induktion der Pubertät diente, konnte über den weiteren Versuchszeitraum eine fortschreitende Reifung beobachtet werden. In der 12°C-Gruppe wurden ab der 20. Woche bei allen untersuchten Weibchen Oocyten in der spätvitellogenen

Phase der Reifung gefunden. Bei allen Zandern welche bei 14°C gehältert wurden, konnten Oozyten dieses späten Stadiums zwischen der 20. Und 24. Woche identifiziert werden. In der 26. Woche waren 30 % der untersuchten Rogner der 14°C-Gruppe in der frühen Phase der Vitellogenese. Den größten Anteil SV-Weibchen, nämlich 83 %, wurde in der 16°C-Gruppe nach 20 Wochen Versuchsdauer festgestellt, allerdings waren in der 24. und 26. Woche jeweils ca. 70 % (71 und 73 %) in der prävitellogenen Phase der Reifung. Zander die nach der Kühlphase bei 18°C gehältert wurden, zeigten generell den geringsten Grad an fortgeschrittener Reifung (abgesehen von den Kontrolltieren). Hier war maximal die Hälfte aller beprobter Tiere SV (20. Woche). Tiere welche dauerhaft bei 23°C gehalten wurden, zeigten keinerlei Anzeichen eines Reifungsprozesses. Sie waren stets prävitellogen (Abb. 24).

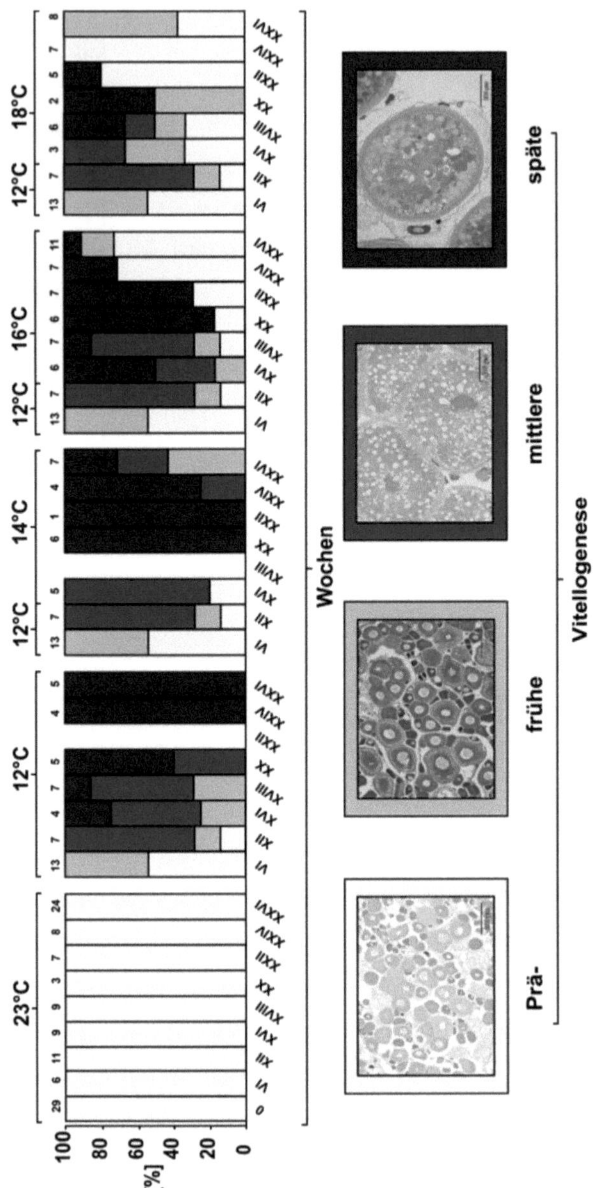

Abbildung 24: Effekt der Temperaturbehandlung auf die prozentuale Verteilung des jeweiligen Reifungszustandes der Ovarien weiblicher Zander, welche bei 12, 14, 16, 18 und 23°C gehältert wurden (identifiziert nach einer Hälterungsdauer von 0, VI, XII, XVI, XVIII, XX, XXII, XXIV und XXVI Wochen).

3.2.1. Sexualsteroide

Durch das angewandte Temperaturregime wurden die Konzentrationen der Sexualsteroide E2, T, 11-KT und DHP signifikant beeinflußt.

3.2.1.1. Weibchen - Sexualsteroide

Das angewandte Temperaturregime übte einen nachweislichen Einfluss auf die Plasmakonzentrationen von E2, T und 11-KT aus. Ein entsprechend temperaturbedingter Effekt auf das DHP war dagegen weniger deutlich (Abb. 25 und Abb. 26).

17ß-Estradiol

Bei Tieren, die die Kühlphase durchlaufen hatten zeigte sich ein biphasischer Verlauf der E2-Plasmakonzentrationen (Abb. 25).

Das erste Konzentrationsmaximum (1800 ± 981 pg/mL) wurde direkt nach Beendigung der Kühlphase erreicht (gepunktete vertikale Linie in Abb. 25), das zweite je nach Temperatur ab der 20. Woche. Die jeweiligen Maxima waren stets signifikant erhöht gegenüber der Konzentration gemessen am Tag 0 (gestrichelte horizontale Linie in Abb. 25). In der 12°C-Gruppe wurde das zweite Maximum zwischen der 20. (2230 ±1650 pg/mL) und der 24. Woche (2220 ± 2030 pg/mL) festgestellt. Bei den Zandern der 14°C Gruppe wurde die höchste Konzentration an E2 in der 20. Woche mit 2010 ± 1400 pg/mL gemessen. Wie bei der 12°C-Gruppe waren höhere Werte bis zur 24. Woche (1870 ± 1150 pg/mL) zu beobachten, um danach bis zur 26. Woche wieder rapide zu fallen (1040 ± 1265 pg/mL). Die E2-Konzentration der 16°C-Weibchen erreichte mit 2650 ± 2065 pg/mL in der 20. Woche von allen Gruppen die höchste Konzentration, um danach besonders rapide zu fallen (130 ± 30 pg/mL Woche 26). Bei den Rognern, welche nach der Kühlphase bei 18°C gehältert wurden, war dagegen kein biphasischer Konzentrationsverlauf zu beobachten. Bei ihnen war eine ausgeprägte Depression der E2-Werte, direkt nach dem Abschluss der Kühlphase (100 ± 55 pg/mL Woche 22), zu beobachten. Bei Rognern, welche dauerhaft bei 23°C gehalten wurden, zeigte sich keine signifikante Veränderung der Werte. Diese lagen stets um 100 ± 230 pg/mL (Abb. 25).

Testosteron

Auch der Konzentrationsverlauf der Androgene wurde durch die angewandte Temperaturbehandlung signifikant beeinflusst.

Die Konzentrationen an T erhöhten sich stark zum Ende der Kühlphase (gepunktete vertikale Linie in Abb. 25). Sie stiegen auf 3,2 ± 2,2 ng/mL gegenüber 0,34 ± 0,19 ng/mL zu Versuchsbeginn (Tag 0, gestrichelte horizontale Linie in Abb. 25) an.

Nach Beendigung der Kühlphase stiegen besonders in den Rognern der 12°C- und 14°C-Gruppe die Konzentrationen an T im Plasma stark an, wenn auch aufgrund der hohen Standardabweichungen nicht signifikant. In der 12°C Gruppe lag dabei der Mittelwert in der 24. Woche bei 28 ± 2,9 ng/mL (Abb. 25). Noch weitaus höher waren die Werte mit 100 ± 150 ng/mL in der 26. Woche in den Zandern, welche bei 14°C gehalten wurden. In Rognern, welche bei höheren Temperaturen gehältert wurden, stiegen die Konzentrationen ebenfalls an, wenn auch weniger ausgeprägt. Die 16°C-Weibchen erreichten ihren Konzentrationspeak mit 22 ± 40 ng/mL in der 22. Woche, danach sanken die Werte wieder ab. Ein vergleichbarer Verlauf war auch in der 18°C-Gruppe zu beobachten. Hier stieg der Maximalwert nach 20-wöchiger Hälterung auf 16 ± 3,6 ng/mL. In Weibchen der 23°C-Gruppe bewegten sich die Konzentrationen von T stets auf niedrigem Niveau, zwischen 0,44 ± 0,24 und 0,84 ± 1 ng/mL (Abb. 25).

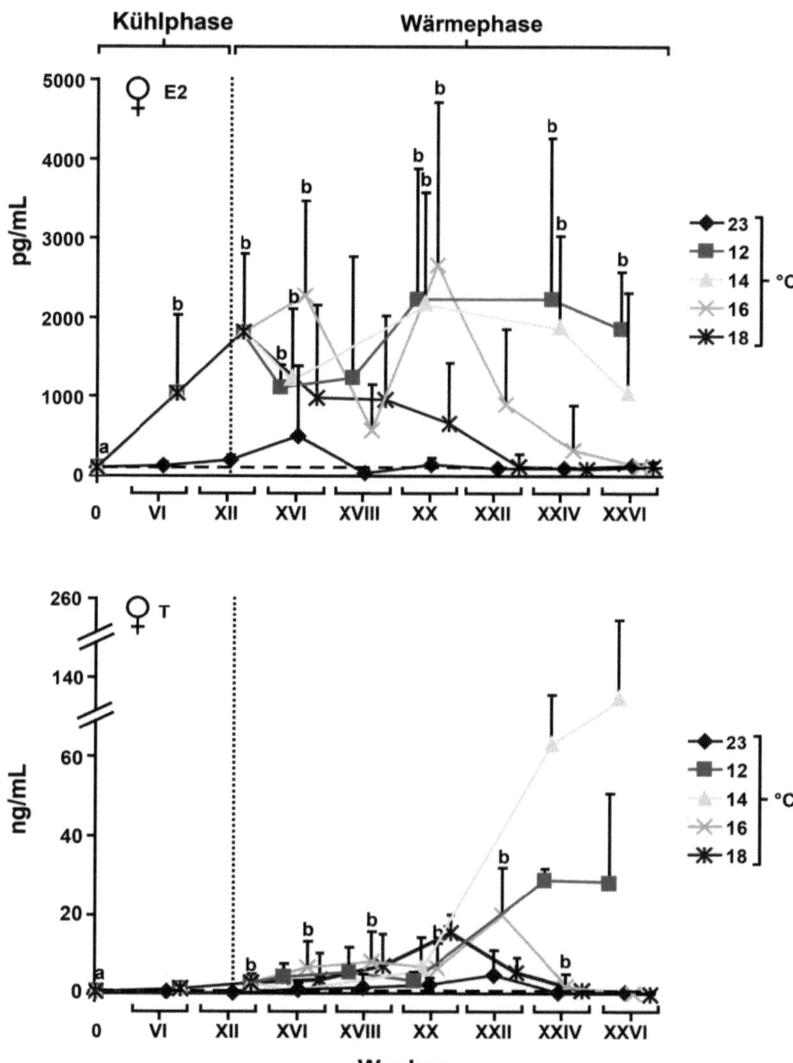

Abbildung 25: Effekt der Temperaturbehandlung auf die Plasmakonzentrationen (Mittelwert ± Standardabweichung) der Sexualsteroide E2 und T weiblicher Zander. Die Plasmakonzentration der Sexualsteroide der Tiere, welche bei 12, 14, 16, 18 und 23°C gehältert wurden, wurde nach 0, VI, XII, XVI, XVIII, XX, XXII, XXIV und XXVI Wochen bestimmt. Die gestrichelte, horizontale Linie gibt die entsprechende Plasmakonzentration der Sexualsteroide der Tiere am Tag 0 an. Die gepunktete vertikale Linie kennzeichnet das Ende der Kühlphase nach 12 Wochen und den Beginn der Wärmephase. Die Anzahl beprobter Tiere ist Tabelle 17 zu entnehmen. Signifikante Unterschiede zwischen den entsprechenden Konzentrationen und den Konzentrationen am Tag 0 sind mit Buchstaben gekennzeichnet (p<0,05, Dunns multiple comparison Test).

11-Ketotestosteron

Die gemessenen Konzentrationen an 11-KT waren im Gegensatz zu denen von T sehr heterogen (Abb. 26).

Signifikante Erhöhungen wurden bereits in der 18. Woche für Tiere der 12°C- (160 ± 86 pg/mL), 16°C- (170 ± 79 pg/mL) und 18°C- (170 ± 100 pg/mL) Gruppe registriert (Abb. 26). Während die Werte der 12°C- und auch der 14°C-Gruppe bis zur 24. Woche weiter anstiegen, fielen diese bei den 16°C- und 18°C-Tieren wieder auf Konzentrationen unterhalb des Ausgangswertes von Tag 0 (gestrichelte horizontale Linie in Abb. 26) ab. Erstaunlicherweise konnte auch in Rognern der 23°C-Gruppe nach 18-wöchiger Hälterung ein signifikanter Anstieg der Konzentration auf 150 ± 140 pg/mL beobachtet werden (Abb. 26).

17α,20β-Dihydroxy-4-pregnen-3-on

Die Konzentrationsverläufe des DHP waren ebenfalls sehr heterogen und wenig kontinuierlich (Abb. 26).

Die einzige signifikante Erhöhung von Tieren, welche die Kühlphase durchlaufen hatten, war in der 20. Woche mit 140 ± 55 pg/mL in der 12°C-Gruppe, zu beobachten. Jedoch zeigten auch Tiere welche bei 23°C gehältert wurden in der 12. Woche eine signifikante Erhöhung auf 100 ± 55 pg/mL (gegenüber den Konzentrationen am Tag 0 (gestrichelte horizontale Linie, Abb. 26). Die Plasmakonzentrationen an DHP von Rognern der anderen Versuchsgruppen lagen zwischen 7 und 327 pg/mL, variierten jedoch so stark das kein klarer Trend zu erkennen war (Abb. 26).

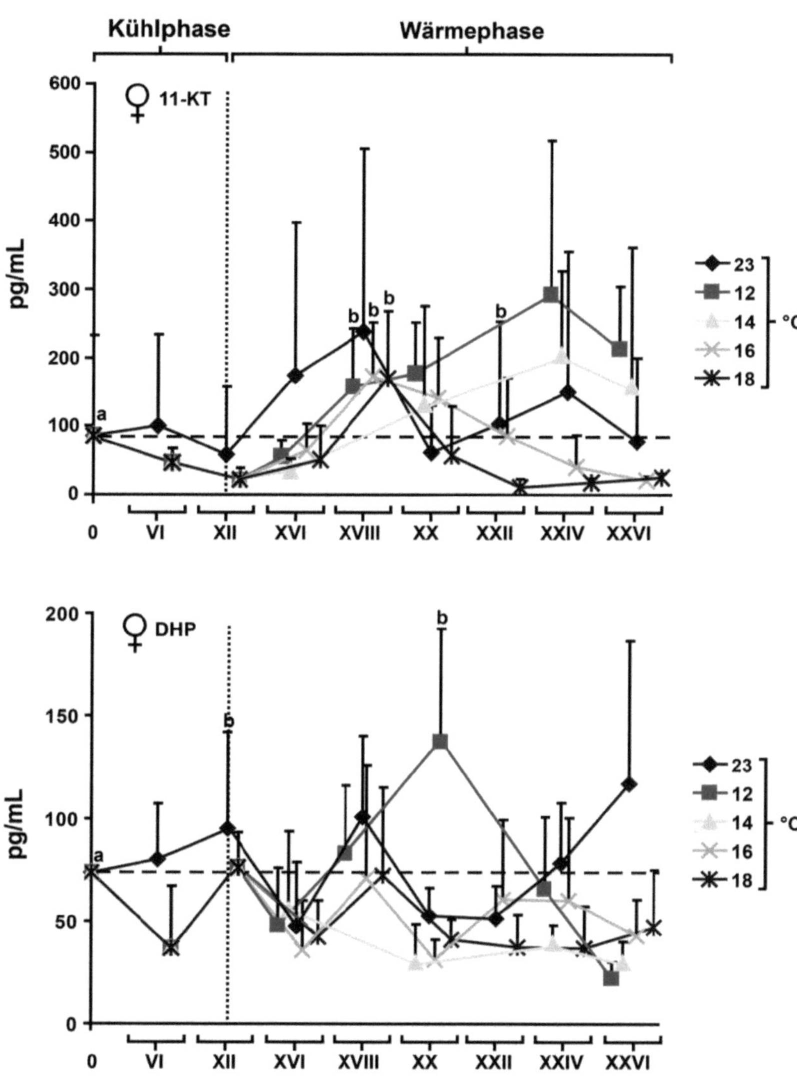

Abbildung 26: Effekt der Temperaturbehandlung auf die Plasmakonzentrationen (Mittelwert ± Standardabweichung) der Sexualsteroide 11-KT und DHP weiblicher Zander. Die Plasmakonzentration der Sexualsteroide der Tiere, welche bei 12, 14, 16, 18 und 23°C gehältert wurden, wurde nach 0, VI, XII, XVI, XVIII, XX, XXII, XXIV und XXVI Wochen bestimmt. Die gestrichelte horizontale Linie gibt die entsprechende Plasmakonzentration der Sexualsteroide der Tiere am Tag 0 an. Die gepunktete vertikale Linie kennzeichnet das Ende der Kühlphase nach 12 Wochen und den Beginn der Wärmephase. Die Anzahl beprobter Tiere ist Tabelle 17 zu entnehmen. Signifikante Unterschiede zwischen den entsprechenden Konzentrationen und den Konzentrationen am Tag 0 sind mit Buchstaben gekennzeichnet (p<0,05, Dunns multiple comparison Test).

3.2.1.2. Männchen - Sexualsteroide

Wie bei den weiblichen, so war auch bei den männlichen Zandern ein deutlicher Einfluss der verschiedenen Hälterungstemperaturen auf die Plasmakonzentrationen der Sexualsteroide nachweisbar (Abb. 27 und Abb. 28).

17ß-Estradiol

In Milchnern, welche die Kühlphase durchlaufen hatten zeigte sich, ähnlich wie bei den Weibchen, ein ausgeprägter biphasischer temperaturabhängiger Konzentrationsverlauf des E2 (Abb. 27).

Schon während der 12-wöchigen Kühlphase stieg die durchschnittliche Konzentration an E2, von 88 ± 77 pg/mL (Tag 0) auf 168 ± 290 pg/mL, um danach in Zandern, welche zwischen 12°C und 16°C gehältert wurden, auf Werte unter 100 pg/mL abzufallen. Vergleichbares war auch bei den 18°C-Tieren zu beobachten. Hier zeigte sich nach der Kühlphase aber noch ein weiterer Anstieg bis zur 16. Woche auf 203 ± 86 pg/mL, um danach ebenfalls abzusinken. Für die Tiere welche bei 12°C gehältert wurden, war ab der 20. Woche ein leichter Anstieg der E2 Konzentrationen zu erkennen, welcher aber erst in der 24. Woche signifikant wurde. Bei Tieren der 14°C-, 16°C und 18°C-Gruppen begann der Anstieg der Konzentrationen an E2 ab der 22. Woche, war aber wesentlich stärker ausgeprägt. Die gemessenen Werte stiegen bis zur 26. Woche auf 210 ± 60 pg/mL (14°C), 230 ± 61 pg/mL (16°C) und auf 215 ± 48 pg/mL (18°C). Bei Milchnern, welche bei 23°C gehalten wurden, variierten Die E2 Werte zwischen 75 und 137 pg/mL (Abb. 27).

Testosteron

Die Konzentrationen von T stiegen schon während der ersten 12 Wochen in Tieren, welche auf 12°C gekühlt wurden, auf 10 ± 8 ng/mL an (Abb. 27). In Milchnern, welche nach Ablauf der Kühlphase bei 12°C, 14°C und 16°C gehalten wurden, setzte sich dieser Anstieg bis zur 20. Woche fort. Nach der 20-wöchigen Hälterung wurden Höchstwerte von 19 ± 8 (12°C), 22 ± 22 (14°C) und 25 ± 26 ng/mL (16°C) erreicht (Abb. 27). Nach der 20. Woche sanken die T Konzentrationen bis zum Versuchsende auf Werte zwischen 5,8 ± 3,6 ng/mL (12°C) und 0,45 ± 0,25 ng/mL (16°C) ab. In Zandern der 18°C-Gruppe war dagegen nach Beendigung der Kühlphase kein Anstieg der Plasmakonzentrationen an T zu beobachten (Abb. 27). Bei ihnen sanken die Werte stetig bis auf 0,90 ± 0,25 ng/mL ab. In Milchnern, welche dauerhaft bei 23°C gehältert wurden, konnte keine nennenswerte Veränderung der Plasmakonzentrationen von T beobachtet werden (Abb. 27).

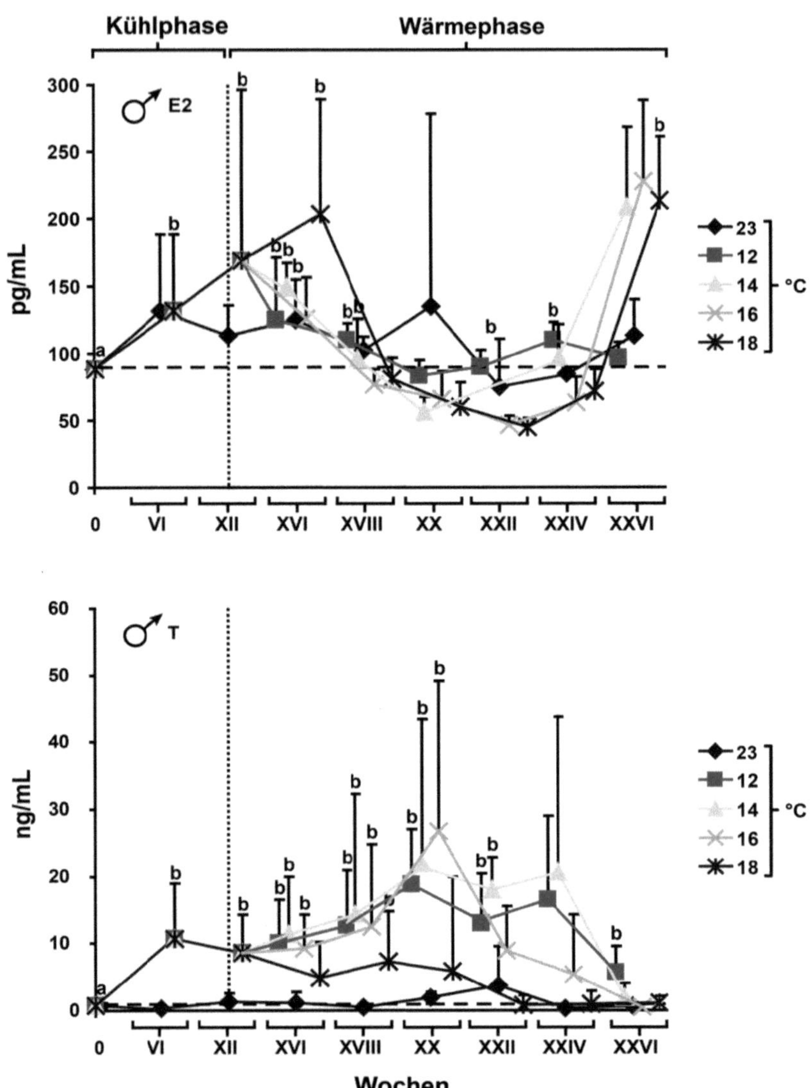

Abbildung 27 Effekt der Temperaturbehandlung auf die Plasmakonzentrationen (Mittelwert ± Standardabweichung) der Sexualsteroide E2 und T männlicher Zander. Die Plasmakonzentration der Sexualsteroide der Tiere, welche bei 12, 14, 16, 18 und 23°C gehältert wurden, wurden nach 0, VI, XII, XVI, XVIII, XX, XXII, XXIV und XXVI Wochen bestimmt. Die gestrichelte, horizontale Linie gibt die entsprechende Plasmakonzentration der Sexualsteroide der Tiere am Tag 0 an. Die gepunktete vertikale Linie kennzeichnet das Ende der Kühlphase nach 12 Wochen und den Beginn der Wärmephase. Die Anzahl beprobter Tiere ist Tabelle 18 zu entnehmen. Signifikante Unterschiede zwischen den entsprechenden Konzentrationen und den Konzentrationen am Tag 0 sind mit Buchstaben gekennzeichnet (p<0,05, Dunns multiple comparison Test).

11-Ketotestosteron

Vergleichbar mit den Plasmakonzentrationen von T, so stiegen auch die Werte von 11-KT schon in Milchnern aller Versuchsgruppen (mit Ausnahme der Kontrollgruppe) während der Kühlphase signifikant bis auf 1 ± 0,47 ng/mL an (Abb. 28). Nach Beendigung der Kühlphase (gepunktete, vertikale Linie, Abb. 28) stiegen die Konzentrationen der bei 12°C, 14°C und 16°C gehälterten Zander stark bis zur 20. Woche an. Dabei wurden Werte von 15,0 ± 5,8 ng/mL (12°C), 8,0 ± 8,2 ng/mL (14°C) und 9,8 ± 12,3 ng/mL (16°C) erreicht. Nach der 20. Woche sanken dann die 11-KT Konzentrationen wieder auf Werte unterhalb von 2 ng/mL ab. Tiere, welche bei 18°C gehältert wurden, zeigten einen weniger prägnanten Anstieg der Konzentrationen. Hier wurde der Peak bereits in der 18. Woche mit 2,5 ± 2 ng/mL erreicht. Danach sanken die Werte, wie auch in den anderen Versuchsgruppen, wieder stark ab. In Milchnern der 23°C-Gruppe wurde bis auf einen signifikanten Anstieg in der 22. Woche (3,0 ± 2,8 ng/mL) kein weiterer Effekt registriert (Abb. 28).

17α,20β-Dihydroxy-4-pregnen-3-on

Für DHP ergab sich kein klares Verteilungsmuster der gemessenen Konzentrationen (Abb. 28).

Es war ein biphasischer Verlauf der Konzentrationen an DHP in den Versuchstieren sichtbar. Dabei wurde der erste Peak mit 190 ± 61 pg/mL am Ende der Kühlphase (gepunktete vertikale Linie, Abb. 28) erreicht. Der zweite Höchstwert wurde temperaturabhängig zwischen der 22. Woche in der 12°C-Gruppe (180 ± 42 pg/mL) und der 24. Woche in Tieren der 18°C-Gruppe mit 220 ± 115 pg/mL beobachtet. Jedoch zeigten auch Milchner, welche bei 23°C gehältert wurden, vergleichbar hohe bzw. höhere Werte an DHP (340 ± 143 pg/mL in Woche 12, 200 ± 40 pg/mL in Woche 22) (Abb. 28).

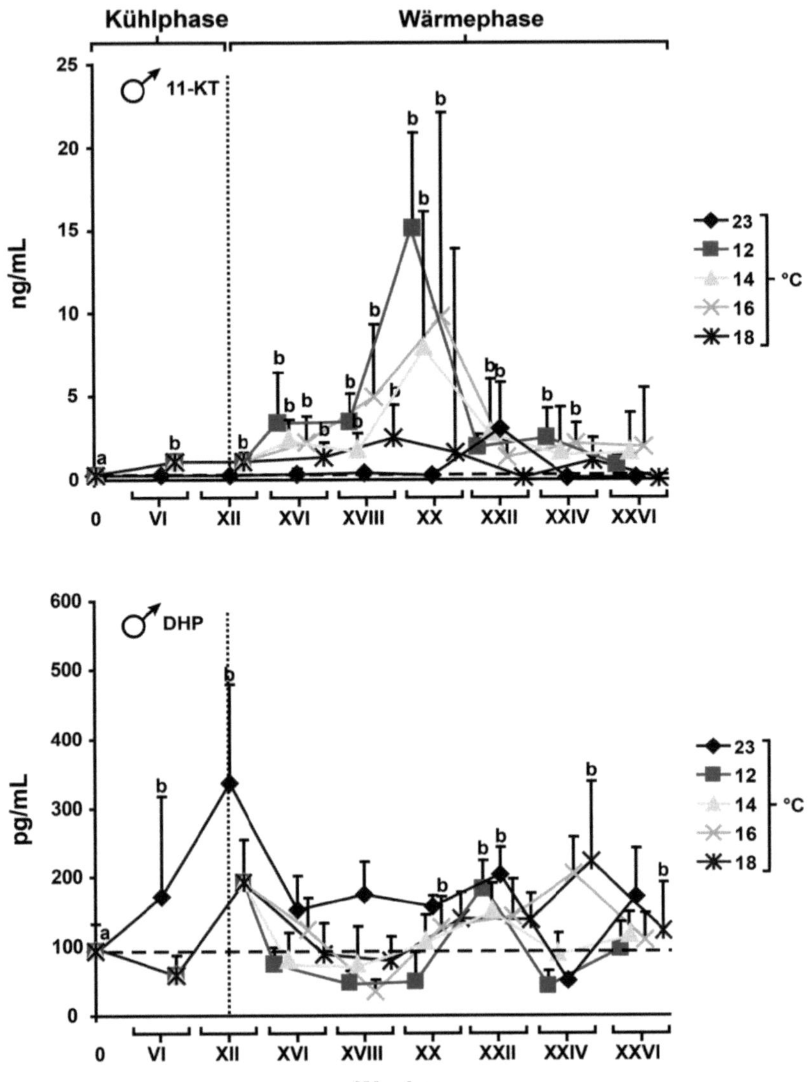

Abbildung 28: Effekt der Temperaturbehandlung auf die Plasmakonzentrationen (Mittelwert ± Standardabweichung) der Sexualsteroide 11-KT und DHP männlicher Zander. Die Plasmakonzentration der Sexualsteroide der Tiere, welche bei 12, 14, 16, 18 und 23°C gehältert wurden, wurden nach 0, VI, XII, XVI, XVIII, XX, XXII, XXIV und XXVI Wochen bestimmt. Die gestrichelte, horizontale Linie gibt die entsprechende Plasmakonzentration der Sexualsteroide der Tiere am Tag 0 an. Die gepunktete vertikale Linie kennzeichnet das Ende der Kühlphase nach 12 Wochen und den Beginn der Wärmephase. Die Anzahl beprobter Tiere ist Tabelle 18 zu entnehmen. Signifikante Unterschiede zwischen den entsprechenden Konzentrationen und den Konzentrationen am Tag 0 sind mit Buchstaben gekennzeichnet ($p<0,05$, Dunns multiple comparison Test).

3.3. Versuchsdurchgang 3

Im 3. Versuchsdurchgang wurden 3-jährige Zander einem spezifischen Temperaturprotokoll in Kombination mit verschiedenen Lichtregimen ausgesetzt.

3.3.1. Wachstumsparameter

Die in diesem Versuchsdurchgang angewandte Photo-Temperatur-Behandlung (PTB) übte einen nachweisbaren Effekt auf die Wachstumsparameter weiblicher und männlicher Zander aus (Abb. 29 und 30).

3.3.1.1. Weibchen - Wachstumsparameter

Rogner, welche dauerhaft bei 23°C (Kontrolle) und jeweils für 12 h beleuchtet (Hell) und 12 h unbeleuchtet (Dunkel) (12 H:12 D) gehältert wurden zeigten innerhalb der ersten 2 Monate einen deutlichen Zuwachs an Länge und Gewicht (Abb. 29). Die registrierte Durchschnittslänge lag bei ihnen bei 61,9 ± 3,2 cm, bei einem entsprechenden Durchschnittsgewicht von 2182 ± 411 g. Dieses rapide Wachstum ging dann während des restlichen Versuchsdurchlaufs in eine leichte Plateauphase über, in der dann keine weitere Zunahme, weder an Länge noch an Gewicht, verzeichnet werden konnte. Tiere, welche die PTB durchliefen, zeigten dagegen eine nur geringe Zunahme an Länge und Gewicht, welche nicht signifikant war (Abb. 29). Dagegen konnte bei diesen PTB Tieren eine Zunahme des Konditionsfaktors (K) ab dem 3. Monat, nach Beendigung der Kühlphase (gepunktete vertikale Linie, Abb. 29), beobachtet werden. Besonders ausgeprägt war die Zunahme des Konditionsfaktors in den 10 H:14 D- und 14 H:10 D-Weibchen. Hier wurden jeweils Maxima von 1,01 ± 0,08 und 1,02 ± 0,1 erreicht. Tiere der 12 H:12 D-Gruppe zeigten im Vergleich zu dem Ausgangswert am Tag 0 (0,88 ± 0,09) (gestrichelte horizontale Linie, Abb. 29) ebenfalls eine signifikante Steigerung des K mit 0,97 ± 0,07 auf. In Rognern der 8 H:16 D Gruppe konnte dagegen keine signifikante Erhöhung des K nachgewiesen werden (hier war nur ein positiver Trend ab dem 3. Monat zu beobachten). Über den gesamten Versuchsablauf unverändert dagegen blieben die Werte der bei 23°C und bei 12 H:12 D gehälterten Kontrolltiere (Abb. 29). Die jeweilige Anzahl der beprobten Tiere kann Tabelle 19 entnommen werden.

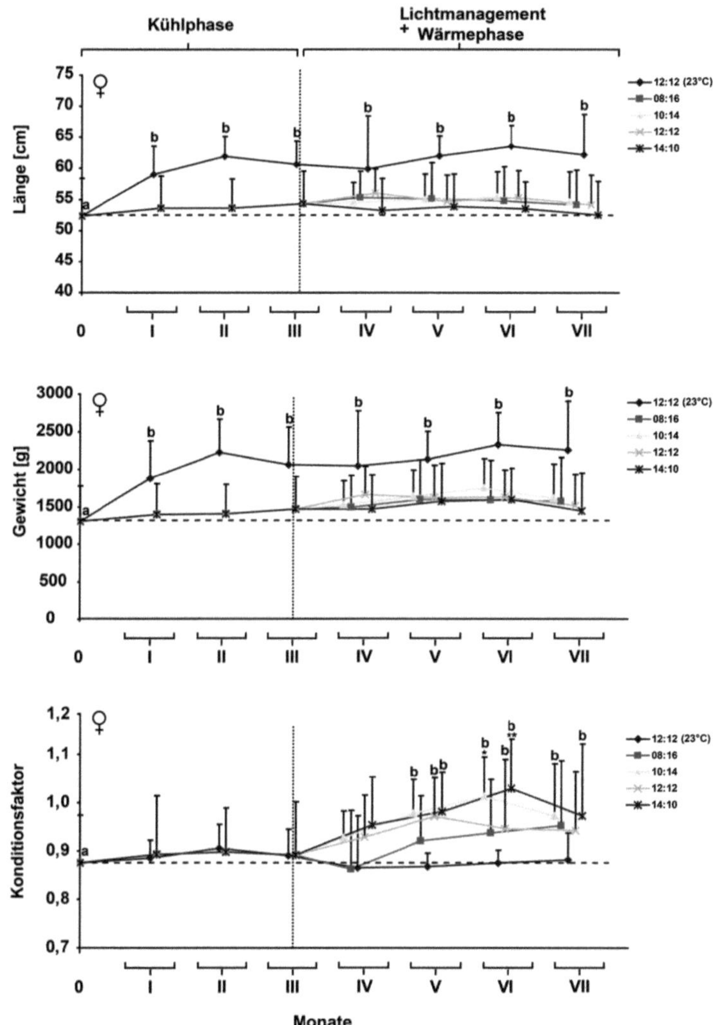

Abbildung 29: Effekt der Photo-Temperatur-Behandlung auf die Wachstumsparameter Gewicht (g), Länge (cm) und Konditionsfaktor (K) weiblicher Zander. Die Wachstumsparameter der Tiere, welche nach einer 3-monatigen Kühlphase bei 12°C bei einer Photoperiode von 12 H:12 D für weitere 4 Monate bei 14°C bei einer Photoperiode von 8 H:16 D, 10 H:14 D, 12 H:12 D und 14 H:10 D gehältert wurden, wurde nach 0, I, II, III, IV, V, VI und VII Monaten bestimmt. Die gestrichelte, horizontale Linie gibt den jeweiligen Wert des entsprechenden Wachstumsparameters der Tiere am Tag 0 an. Die gepunktete vertikale Linie kennzeichnet das Ende der Kühlphase nach 3 Monaten und den Beginn der Wärmephase und des Lichtregimes an. Die Anzahl beprobter Tiere ist Tabelle 19 zu entnehmen. Signifikante Unterschiede zwischen den jeweiligen Wachstumsparametern einer Beprobung und den gemessenen Werten am Tag 0 sind mit Buchstaben gekennzeichnet ($p<0,05$, Dunns multiple comparison test)

Tabelle 19: Anzahl beprobter Weibchen geordnet nach Beprobungstermin und Photo-Temperatur-Regime.

Lichtregime °C	Beprobungstermine (Wochen)							
	Kühlphase				Lichtmanagement + Wärmephase			
	0	I	II	III	IV	V	VI	VII
23°C 12H:12D	102	9	9	10	11	9	10	13
08H:16D					17	13	16	17
10H:14D					15	14	15	20
12H:12D		50	51	58	13	16	15	18
14H:10D					15	15	18	22

3.3.1.2. Männchen - Wachstumsparameter

Wie bei den weiblichen, so war auch bei den männlichen Kontrolltieren eine signifikante Zunahme an Länge und Gewicht zu registrieren (Abb. 30).

Im Gegensatz zu den Weibchen waren bei den Männchen die Zuwachsraten geringer, dagegen erreichten die Milchner aber keine Plateauphase. Nach 6 Monaten waren die gemessenen Werte von Durchschnittslänge und –gewicht mit 62,2 ± 4 cm und 2158 ± 441 g nahezu identisch zu den Werten der Rogner aus der Kontrollgruppe. Für Männchen, welche die PTB durchliefen, konnte kein signifikanter Zuwachs registriert werden. Es wurde zwar ein positiver Trend für den Konditionsfaktor ab dem 4. (für die 10 H:14 D Tier) bzw. 5. Monat (12 H:12 D und 14 H:10 D) beobachtet. Dieser war jedoch nicht signifikant (Abb. 30). Die jeweilige Anzahl der beprobten Tiere ist Tabelle 20 zu entnehmen.

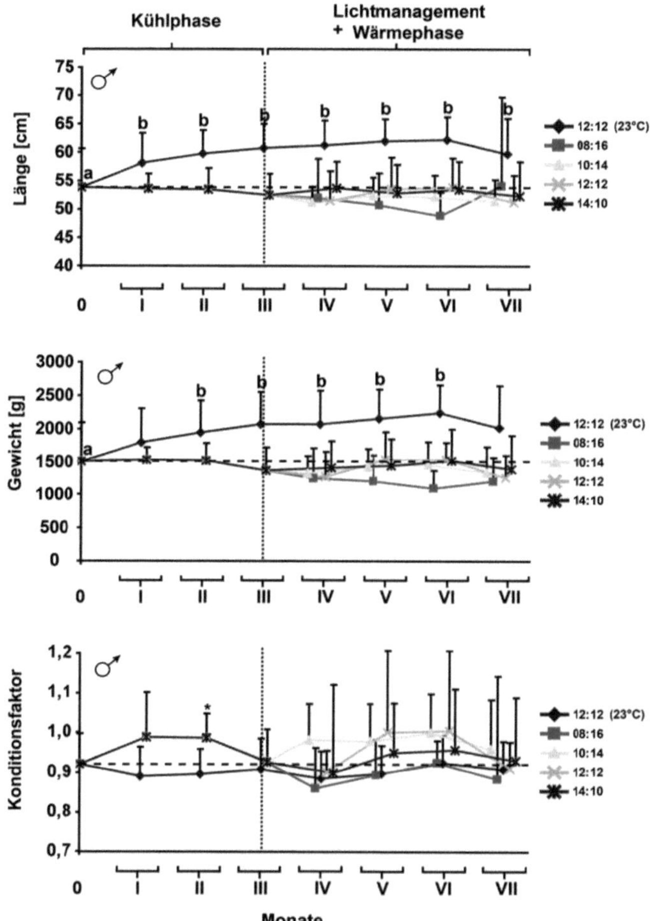

Abbildung 30: Effekt der Photo-Temperatur-Behandlung auf die Wachstumsparameter Gewicht (g), Länge (cm) und Konditionsfaktor (K) männlicher Zander. Die Wachstumsparameter der Tiere, welche nach einer 3-monatigen Kühlphase bei 12°C bei einer Photoperiode von 12 H:12 D für weitere 4 Monate bei 14°C bei einer Photoperiode von 8 H:16 D, 10 H:14 D, 12 H:12 D und 14 H:10 D gehältert wurden, wurde nach 0, I, II, III, IV, V, VI und VII Monaten bestimmt. Die gestrichelte, horizontale Linie gibt den jeweiligen Wert des entsprechenden Wachstumsparameters der Tiere am Tag 0 an. Die gepunktete vertikale Linie kennzeichnet das Ende der Kühlphase nach 3 Monaten und den Beginn der Wärmephase und des Lichtregimes an. Die Anzahl beprobter Tiere ist Tabelle 20 zu entnehmen. Signifikante Unterschiede zwischen den jeweiligen Wachstumsparametern einer Beprobung und den gemessenen Werten am Tag 0 sind mit Buchstaben gekennzeichnet ($p<0,05$, Dunns multiple comparison test).

Tabelle 20: Anzahl beprobter Männchen geordnet nach Beprobungstermin und Photo-Temperatur-Regime.

Lichtregime °C	**Beprobungstermine (Wochen)**							
	Kühlphase				**Lichtmanagement + Wärmephase**			
	0	**I**	**II**	**III**	**IV**	**V**	**VI**	**VII**
23°C 12H:12D	25	12	15	15	15	15	14	19
08H:16D					8	10	8	11
10H:14D					9	10	9	13
12H:12D		10	10	10	11	8	9	17
14H:10D					9	9	6	12

3.3.2. Reifung der Gonaden – histologische Analyse

Da die Probenahme identisch war zu der des 2. Versuchsdurchgangs, konnten auch hier nur von den Weibchen verwertbare Proben für die histologische Untersuchung gewonnen werden.

3.3.2.1. Weibchen - Durchmesser der Oozyten

Wie auch in den vorhergegangenen Versuchsdurchgängen 1 und 2, so konnten auch in diesem Durchgang behandlungsabhängige Effekte beobachtet werden (Abb. 31).

Schon innerhalb des 1. Monats erhöhte sich der gemessene, durchschnittliche Durchmesser der Oozyten von 217 ± 65 µm (Tag 0, gestrichelte horizontale Linie,

Abb. 31) auf 453 ± 114 µm in den Tieren, welche auf 12°C abgekühlt wurden. Diese Erhöhung gipfelte in gemessenen Durchmessern zwischen 1087 ± 64 (8 H:16 D) und 1142 ± 86 µm (14 H:10 D) nach 6 bzw. 5 Monaten (für die Tiere, welche bei 12 H:12 D gehältert wurden, mit 1096 ± 113 µm) der Hälterung. Im 7. Monat wurden dann keine weitere Zunahme der Durchmesser mehr verzeichnet. In den Kontrolltieren dagegen konnten keinerlei signifikante Größenveränderungen der Oozyten registriert werden. Die gemessenen Werte lagen bei ihnen über den gesamten Versuchszeitraum hinweg bei 200 ± 13 µm (Abb. 31).

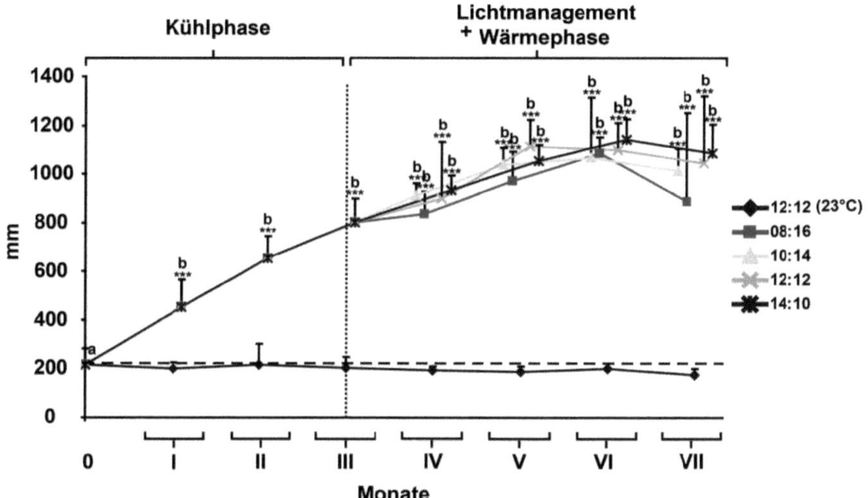

Abbildung 31: Effekt der Photo-Temperatur-Behandlung auf den Durchmesser der Oozyten (Mittelwert ± Standardabweichung). Der Durchmesser der Oozyten weiblicher Zander, welche nach einer 3-monatigen Kühlphase bei 12°C bei einer Photoperiode von 12 H:12 D für weitere 4 Monate bei 14°C bei einer Photoperiode von 8 H:16 D, 10 H:14 D, 12 H:12 D und 14 H:10 D gehältert wurden, wurde nach 0, I, II, III, IV, V, VI und VII Monaten bestimmt. Die gestrichelte horizontale Linie gibt den Durchmesser der Oozyten der Tiere am Tag 0 an. Die gepunktete, vertikale Linie kennzeichnet das Ende der Kühlphase nach 12 Wochen und den Beginn der Wärmephase. Die Anzahl beprobter Tiere ist Tabelle 19 zu entnehmen. Signifikante Unterschiede zwischen den Werten und dem Durchmesser der Oozyten am Tag 0 sind mit Buchstaben gekennzeichnet ($p<0,05$, Dunns multiple comparison Test).

3.3.2.2. Weibchen - histologische Analyse

Wie auch in den vorhergegangenen Versuchsreihen, so konnte auch in diesem Versuch ein klarer Effekt durch das angewendete Regime von Temperatur und Photoperiode beobachtet werden (Abb. 32).

Bereits im 2. Monat, noch innerhalb der Kühlphase, waren 21 % der untersuchten Weibchen bereits im späten Stadium der Vitellogenese (SV). Im 4. Monat war dann in allen Versuchsgruppen, bis auf die 10 H:14 D-Gruppe (53 % SV), ein Großteil der Rogner SV. In der 8 H:16 D-Gruppe waren 85 %, in der 12 H:12 D-Gruppe 92 % und in der 14 H:10 D-Gruppe 86 % aller Weibchen im letzten Stadium der Vitellogenese. Nach 5 monatigem Versuchsablauf wurden dann die ersten Tiere mit atretischen Oozyten identifiziert, d. h. dass diese zwischen dem 4. und 5. Monat bereits spontan im Hälterungsbecken abgelaicht hatten. Dieses wurde auch durch entsprechende Beobachtungen bestätigt. Besonders hoch war der Anteil dieser Weibchen in der 14 H:10 D-Gruppe mit 67 %, die restlichen 33 % dieser Gruppe waren noch im SV-Stadium (Abb. 32). Auch in der 12 H:12 D-Gruppe wurde ein Tier (6 %) mit atretischen Oozyten gefunden. Alle restlichen Weibchen (94 %) waren SV. Der Anteil von Tieren nach dem Laichgeschäft (atretisch) stieg im 6. Monat rapide an. Dabei war der Höchstwert in der 12 H:12 D-Gruppe mit 80 % zu verzeichnen. Die Gruppen welche bei geringeren Belichtungszeiten gehalten wurden, hatten mit 44 % (8 H:16 D) und 26 % (10 H:14 D) auch die geringsten Ablaich- bzw. „Atresie"-Raten. Zum Ende des Versuchszeitraums wurde in den 8 H:16 D- und 10 H:14 D-Gruppen noch ein großer Prozentsatz Rogner im letzten Stadium der Vitellogenese (SV) identifiziert (entsprechend 82 und 74 %). Zu Beginn des Versuchs (11 %) und im 1. Monat (22 %) wurden überraschenderweise auch in der Kontrollgruppe einige Weibchen im frühen Stadium der Vitellogenese beobachtet. Eine fortschreitende Reifung war dann aber über den restlichen Zeitraum des Versuches nicht mehr zu beobachten. Es wurden dann nur noch Rogner im prävitellogenen Stadium der Reifung nachgewiesen (Abb. 32).

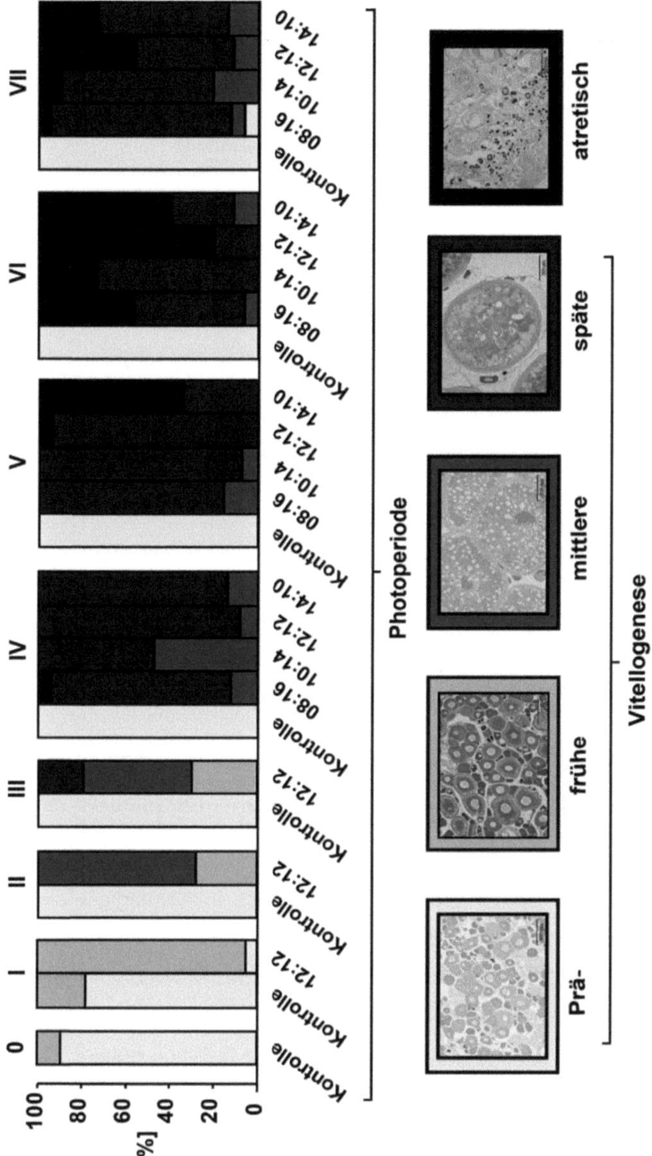

Abbildung 32: Effekt der Photo-Temperatur-Behandlung auf die prozentuale Verteilung des jeweiligen Reifungszustandes der Ovarien weiblicher Zander. Der Reifungszustand der Oozyten weiblicher Zander, welche nach einer 3-monatigen Kühlphase bei 12°C bei einer Photoperiode von 12 H:12 D für weitere 4 Monate bei 14°C bei einer Photoperiode von 8 H:16 D, 10 H:14 D, 12 H:12 D und 14 H:10 D gehältert wurden, wurde nach 0, I, II, III, IV, V, VI und VII Monaten bestimmt. Die Anzahl beprobter Tiere ist Tabelle 19 zu entnehmen.

3.3.3. Genexpressionsanalyse

Die mRNA-Expression der Gonadotropine in den Hypophysen weiblicher und männlicher Zander wurde durch die PTB nachweisbar beeinflußt.

3.3.3.1. Weibchen - Genexpressionsanalyse

Die Genexpressionsmuster von FSHβ und LHβ aus Hypophysen weiblicher Tiere wurden entsprechend der nachfolgenden Beschreibung analysiert/dargestellt:

I. Analyse im Vergleich der Expressionsmuster der 4 verschiedenen Reifestadien: Prä-, frühe, späte Vitellogenese und atretisch

Die mRNA-Expression von FSHβ und LHβ war in allen Tieren der Versuchsgruppe gegenüber prävitellogenen Tieren signifikant erhöht (Abb. 33).

Die stärkste Erhöhung von FSHβ-mRNA wurde dabei in SV-Tieren beobachtet (6-fach im Vergleich zu PV-Tieren). Rogner im mittleren Reifestadium zeigten ebenso wie atretische Tiere 5-fach gesteigerte Expressionsraten der FSHβ-mRNA.

Auch die mRNA-Expression von LHβ erhöhte sich in Abhängigkeit vom Reifestadium. Besonders ausgeprägt war der Anstieg der Expression in spätvitellogenen Rognern, welche 12,8-fach höhere Spiegel an LHβ-mRNA aufwiesen als prävitellogene Tiere (Abb. 33). Auch MV-Weibchen zeigte eine 9,2-fach gesteigerte Expression der LHβ-mRNA. Bemerkenswert war auch die 8,4-fach höhere Expression von LHβ-mRNA in atretischen Rognern (Abb. 33).

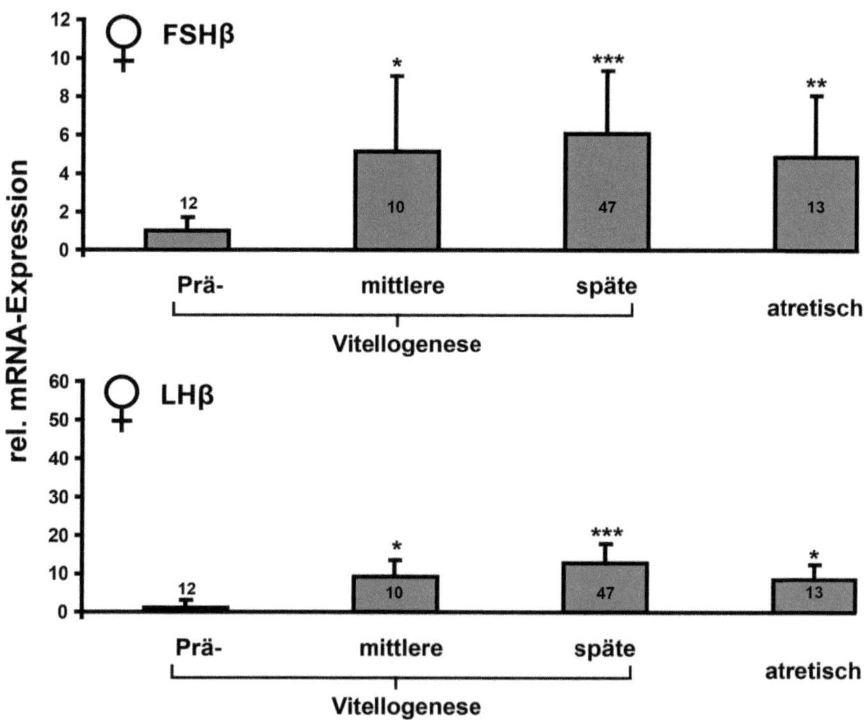

Abbildung 33: mRNA-Expression (Mittelwert ± Standardabweichung) der β-Untereinheit des luteinisierenden Hormons (LHβ) und des Follikel stimulierenden Hormons (FSHβ) in der Hypophyse weiblicher Zander abhängig vom Reifungszustand der Ovarien. Alle Expressionswerte stehen im Verhältnis zu denen, welche vor (Prä) der Vitellogenese standen. Deren Expression wurde auf 1 normalisiert. Die Anzahl beprobter Tiere ist innerhalb der entsprechenden Säule angegeben. Signifikante unterschiedliche Werte der Expression gegenüber PV-Tieren sind oberhalb der Säulen mit Sternchen gekennzeichnet (*p<0,05; **p<0,01; ***p<0,001; Dunns multiple comparison Test).

II. Analyse nach Behandlungsgruppen der Photo-Temperatur-Behandlung

Die mRNA-Expression von FSHβ war in allen Versuchsgruppen signifikant gegenüber den Tieren der Kontrollgruppe erhöht. Hierbei war mit zunehmender Belichtungszeit auch eine Zunahme der mRNA-Expression zu beobachten (Abb. 34). Während in Tieren der 8 H:16 D-Gruppe die Expression 5-fach höher war als in der Kontrollgruppe, war sie in Tieren der 14 H:10 D-Gruppe 7-fach erhöht.

Analog dazu verhielten sich auch die Expressionsmuster der LHβ-mRNA. Hier war die Expressionsrate in Weibchen der 8 H:16 D-Gruppe 32-fach höher als in der Kontrollgruppe. In Tieren der 12 H:12 D- und der 14 H:10 D-Gruppe war die mRNA-Expression an LHβ dagegen 38-fach höher (Abb. 34).

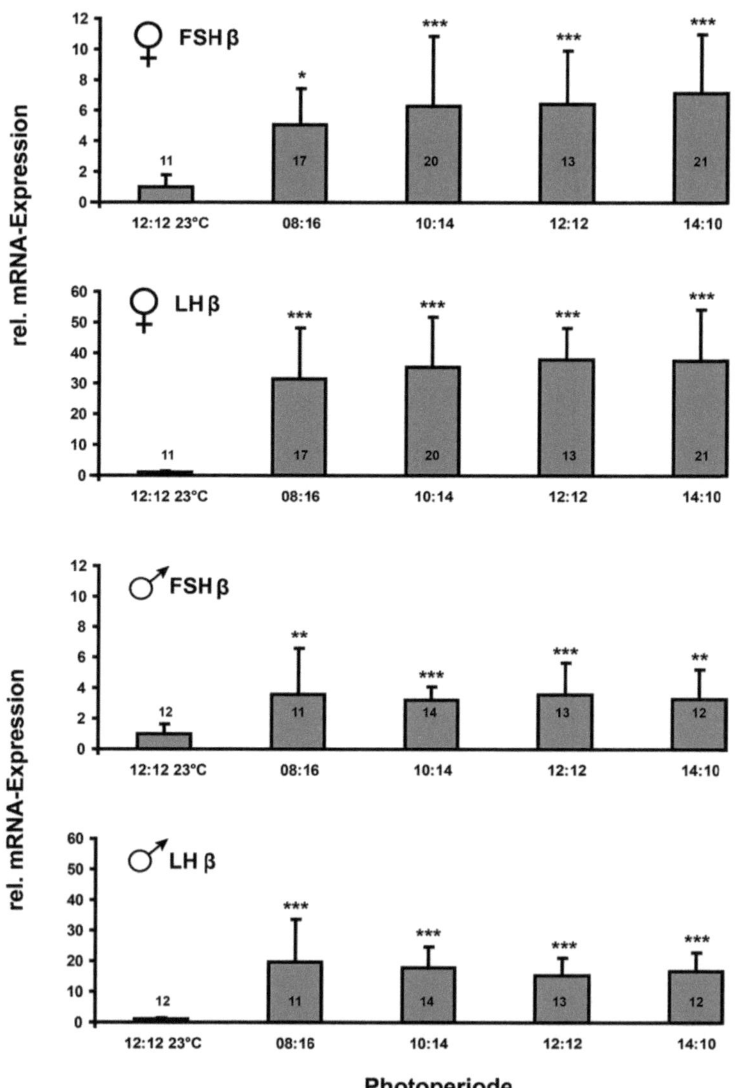

Abbildung 34: mRNA-Expression (Mittelwert ± Standardabweichung) der β-Untereinheit des luteinisierenden Hormons (LHβ) und des Follikel stimulierenden Hormons (FSHβ) in der Hypophyse weiblicher Zander. Dargestellt jeweils nach eingesetztem Lichtregime. Alle Expressionswerte stehen im Verhältnis zu denen, welche bei 23°C bei 12 H:12 D (Kontrolltiere) gehältert wurden. Deren Expression wurde auf 1 normalisiert. Die Anzahl beprobter Tiere ist innerhalb Klammern der entsprechenden Säule angegeben. Signifikante unterschiedliche Werte der mRNA-Expressionen gegenüber PV-Tieren sind oberhalb der Säulen mit Sternchen gekennzeichnet (*p<0,05; **p<0,01; ***p<0,001; Dunns multiple comparison Test).

3.3.3.2. Männchen - Genexpressionsanalyse

Die mRNA-Expression von FSHβ war in allen Versuchsgruppen gegenüber der Kontrollgruppe signifikant erhöht (Abb. 34). Es war jedoch kein belichtungsabhängiger Effekt auszumachen. Tiere der 8 H:16 D- sowie solche der 12 H:12 D-Gruppe zeigten jeweils eine 3,6-fache Erhöhung. Ebenso wie für FSHβ war auch die mRNA-Expression von LHβ in allen Versuchsgruppen signifikant erhöht. Die ausgeprägteste Expression wurde in den Tieren der 8 H:16 D-Gruppe festgestellt (19,6-fach). Tiere der 12 H:12 D-Gruppe zeigten dagegen die geringste Steigerungsrate der mRNA-Expression mit einem Faktor von 15,2 (Abb. 34).

3.4.1. Sexualsteroide

In Zandern beiderlei Geschlechts wurde durch die PTB signifikante Veränderungen der Konzentrationen der Sexualsteroide im Plasma messbar.

3.4.1.1. Weibchen - Sexualsteroide

Das angewandte PTB übte einen signifikanten Einfluss auf die Plasmakonzentrationen von E2, T, 11-KT und DHP aus (Abb. 35 und Abb. 36).

<u>17β-Estradiol</u>

Bereits während der Kühlphase stiegen die Konzentrationen von E2 bis zum 3. Monat auf 2604 ± 1530 pg/mL an (gepunktete senkrechte Linie, Abb. 35). Mit Beginn des diversifizierten Lichtmanagements zeigte sich eine Zweiteilung der Verläufe. Während die E2 Konzentration in der 12 H:12 D-Gruppe weiter anstieg, fiel sie in den anderen Gruppen zunächst stark ab, um ab dem 4. Monat wiederum stark zuzunehmen (biphasischer Verlauf).

Somit erreichte die 12 H:12 D-Gruppe ihren E2-Peak bereits im 4. Monat mit 4256 ± 3306 pg/mL. Im 5. Monat erreichten die Weibchen der 8 H:16 D-Gruppe ihren Höchstwert mit 2581 ± 1353 pg/mL. Nach 6-monatiger Hälterung unter Versuchsbedingungen wurde bei Tieren mit der längsten Belichtungszeit (14 H:10 D) auch der höchste E2 Wert mit 6793 ± 4234 pg/mL gemessen. Auch die Tiere, welche einer 10 H:14 D-Phase ausgesetzt waren, hatten ihren Peak in diesem Monat mit 2581 ± 1353 pg/mL. Am Ende des Versuchszeitraums waren die Konzentrationen der Versuchsgruppen auf 1539 ± 83 pg/mL abgesunken. Die E2-Spiegel der Kontrollgruppe waren dagegen stets niedrig und lagen niemals höher als 546 ± 248 pg/mL (Monat 5) (Abb. 35). Wie auch auf die Konzentrationen an E2, so hatte das PTB auch einen signifikanten Einfluss auf die Plasmakonzentrationen beider Androgene (Abb. 35).

Testosteron

Während der Kühlphase stieg der T-Wert in der Versuchsgruppe auf 7,9 ± 12 ng/mL (gepunktete senkrechte Linie, Abb. 35). Der absolute Höchstwert an T wurde dann mit 411 ± 777 ng/mL in der 12 H:12 D-Gruppe nach 5-monatiger Hälterung gemessen. Die Konzentrationen aller andern Gruppen lagen weit darunter. Hier wurden für T im 6. Und 7. Monat Konzentrationen von 135 ± 313 ng/mL bzw. 133 ± 305 ng/mL in der 8 D:16 H-Gruppe gemessen. Die Weibchen der anderen zwei Gruppen erreichten ihre Maximalkonzentrationen an T erst am Ende des Versuchszeitraums mit 64 ± 107 ng/mL (14 H:10 D-Gruppe) und 17 ± 18 ng/mL (10 H:14 D-Gruppe). Die Werte der Kontrollgruppe waren über den gesamten Zeitraum mit 1,3 ± 1,8 ng/mL gering, aber dennoch deutlich nachweisbar (Abb. 35).

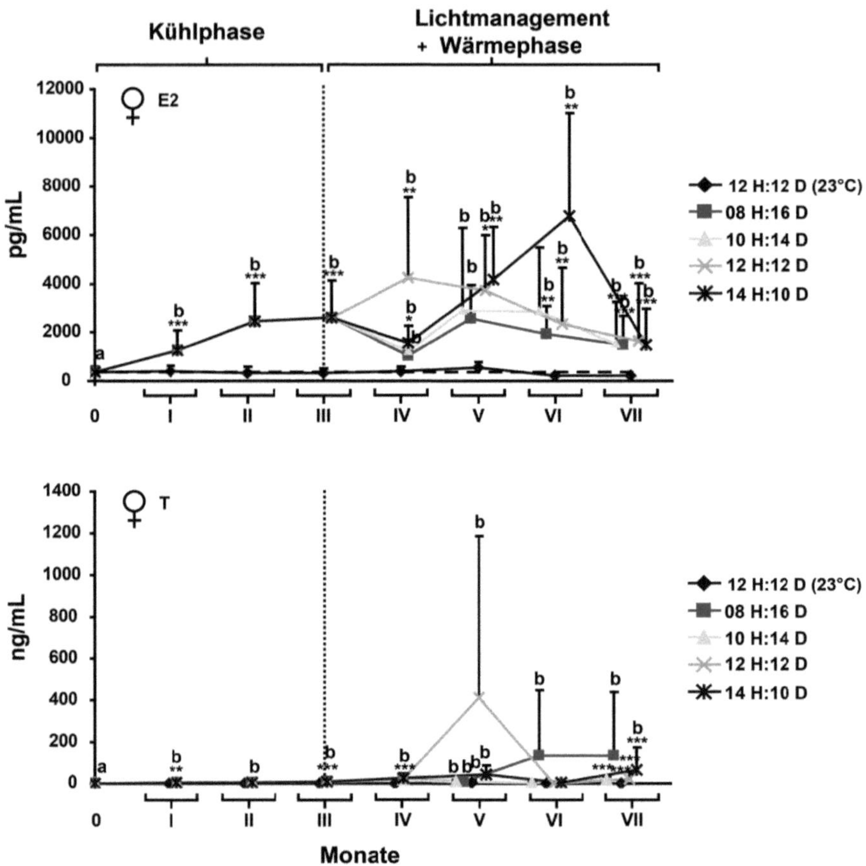

Abbildung 35: Effekt der Photo-Temperatur-Behandlung auf die Plasmakonzentrationen (Mittelwert ± Standardabweichung) der Sexualsteroide E2 und T weiblicher Zander. Die Plasmakonzentration der Sexualsteroide weiblicher Zander, welche nach einer 3-monatigen Kühlphase bei 12°C bei einer Photoperiode von 12 H:12 D für weitere 4 Monate bei 14°C bei einer Photoperiode von 8 H:16 D, 10 H:14 D, 12 H:12 D und 14 H:10 D gehältert wurden, wurde nach 0, I, II, III, IV, V, VI und VII Monaten bestimmt. Die gestrichelte horizontale Linie gibt die entsprechende Plasmakonzentration der Sexualsteroide der Tiere am Tag 0 an. Die gepunktete vertikale Linie kennzeichnet das Ende der Kühlphase nach 12 Wochen und den Beginn der Wärmephase. Es wurden jeweils das Plasma von 9 Tieren pro Versuchseinheit und Beprobungsdatum gemessen. Signifikante Unterschiede zwischen den entsprechenden Konzentrationen und den Konzentrationen am Tag 0 sind mit Sternchen (* $p<0{,}05$; ** $p<0{,}01$; *** $p<0{,}001$ Dunns multiple comparison Test), Unterschiede zwischen den Konzentrationen innerhalb einer Beprobung durch Buchstaben gekennzeichnet ($p<0{,}05$ Dunns multiple comparison Test).

11-Ketotestosteron

Schon während der Kühlphase sanken die gemessenen Plasmakonzentrationen gegenüber denen am Tag 0 mit 1225 ± 1454 pg/mL (gestrichelte horizontale Linie Abb. 36) stark ab, so dass für 11-KT nach 3 Monaten lediglich eine Konzentration von 297 ± 966 pg/mL nachweisbar war. Zwischen dem 4. und 5 Monat stiegen die Konzentrationen an 11-KT in den Versuchstieren wieder an.

Rognern, welche bei 12 H:12 D gehalten wurden (ebenso wie beim T), erreichten im 5. Monat von allen Gruppen den höchsten 11-KT-Wert mit 1534 ± 2658 pg/mL. Dieser war signifikant erhöht gegenüber den Kontrolltieren desselben Monats, aber nicht gegenüber der Konzentration am Tag 0. Einen Monat (6. Monat) später erreichten auch die Weibchen der 8 H:16 D-, 10 H:14 D- und der 14 H:10 D-Gruppen ihre (gegenüber den Kontrolltieren des ident. Beprobungsmonats signifikant erhöhten) Peaks mit 507 ± 933, 1028 ± 1356 und 996 ± 1046 pg/mL, um im Folgemonat wiederum leicht abzusinken. In den Tieren der 23°C-Gruppe wurde dagegen keine Konzentrationserhöhung von 11-KT über den gesamten Zeitraum der Untersuchung beobachtet, bei ihnen lagen die Werte abgesehen vom Tag 0 bei 109 ± 36 pg/mL (Abb. 36).

17α,20β-Dihydroxy-4-pregnen-3-on

Der Konzentrationsverlauf des DHP war, wie in den beiden Versuchsreihen zuvor, sehr heterogen (Abb. 36).

Die höchsten gemessenen Konzentrationen an DHP wurden in den Tieren der Kontrollgruppe gefunden (153 ± 30 pg/mL 4. Monat). In Rognern, welche bei 8 H:16 D, sowie 10 H:14 D gehalten wurden, konnte im 5. Monat eine signifikante Konzentrationserhöhung an DHP (verglichen mit Kontrolltieren desselben Monats) mit 92 ± 10, bzw. 95 ± 15 pg/mL festgestellt werden. Zum Ende des Versuchszeitraums zeigten alle Gruppen, einschließlich der 23°C-Gruppe eine Zunahme der gemessenen Progesteronwerte (Abb. 36).

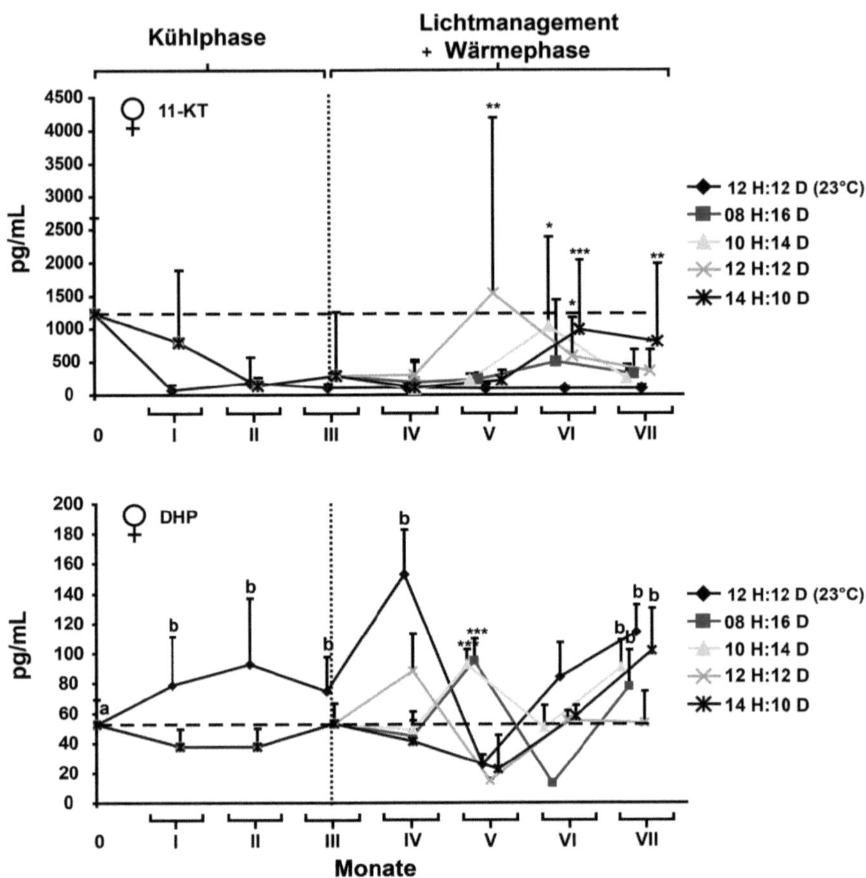

Abbildung 36: Effekt der Photo-Temperatur-Behandlung auf die Plasmakonzentrationen (Mittelwert ± Standardabweichung) der Sexualsteroide 11-KT und DHP weiblicher Zander. Die Plasmakonzentration der Sexualsteroide weiblicher Zander, welche nach einer 3-monatigen Kühlphase bei 12°C bei einer Photoperiode von 12 H:12 D für weitere 4 Monate bei 14°C bei einer Photoperiode von 8 H:16 D, 10 H:14 D, 12 H:12 D und 14 H:10 D gehältert wurden, wurde nach 0, I, II, III, IV, V, VI und VII Monaten bestimmt. Die gestrichelte horizontale Linie gibt die entsprechende Plasmakonzentration der Sexualsteroide der Tiere am Tag 0 an. Die gepunktete vertikale Linie kennzeichnet das Ende der Kühlphase nach 12 Wochen und den Beginn der Wärmephase. Es wurden jeweils das Plasma von 9 Tieren pro Versuchseinheit und Beprobungsdatum gemessen. Signifikante Unterschiede zwischen den entsprechenden Konzentrationen und den Konzentrationen am Tag 0 sind mit Sternchen (* $p<0,05$; ** $p<0,01$; *** $p<0,001$ Dunns multiple comparison Test), Unterschiede zwischen den Konzentrationen innerhalb einer Beprobung durch Buchstaben gekennzeichnet ($p<0,05$ Dunns multiple comparison Test).

3.4.1.2. Männchen - Sexualsteroide

Auch bei den männlichen Zandern zeigte das PTB signifikante Auswirkungen auf die Plasmakonzentrationen der Sexualsteroide E2, T und 11-KT (Abb. 37).

17β-Estradiol

Im Gegensatz zu Männchen des 2. Versuchsdurchgangs wurden während der Kühlphase (gestrichelte horizontale Linie Abb. 37) keine erhöhten E2 Werte beobachtet. Diese stiegen erst im Verlauf des Versuches und erreichten ihre Höchstwerte im 6. bzw. 7. Monat. Tiere, welche bei einer Photoperiode von 12 H:12 D und 14 H:10 D gehältert wurden, erreichten ihren Konzentrationspeak im 6. Monat mit 396 ± 77 pg/mL bzw. 526 ± 116 pg/mL (Abb. 37). In Zandern der beiden anderen Behandlungsgruppen wurden Höchstwerte an E2 erst einen Monat später festgestellt, mit 1129 ± 225 (8 H:16 D) und 861 ± 149 pg/mL (10 H:14 D). Bemerkenswert war, dass auch die Kontrolltiere, welche keine Kühlphase durchlaufen hatten, einen vergleichbaren Konzentrationsverlauf zeigten. Sie erreichten am Versuchsende E2-Werte von 749 ± 299 pg/mL (Abb. 37).

Testosteron

Der Verlauf der gemessenen Konzentrationen an T in den Zandern der Photo-Temperatur-Treatments, zeigte über den gesamten Zeitraum des Versuches einen biphasischen Verlauf (Abb. 37).

Während des 1. Monats der Kühlphase stiegen die Werte bereits signifikant auf 20,6 ± 11,6 ng/mL an, sanken dann bis zum 3. Monat aber stark ab (1,5 ± 5,6 ng/mL). Ab dem 3. Monat stiegen die Konzentrationen an T belichtungsabhängig an. Sie erreichten nach 6-monatigem Versuchsablauf Konzentrationshöchstwerte von 19,8 ± 18,9 (12 H:12 D) und 26,7 ± 20,6 ng/mL (14 H:10 D). Im selben Monat bzw. im Folgemonat (Monat 7) erreichten die Tiere der Gruppen 10 H:14 D (9,6 ± 10,3 ng/mL) und

8 H:16 D (9 ± 7,6 ng/mL) ihren Peak. In den Männchen, welche dauerhaft bei 23°C gehältert wurden, waren keine signifikanten Veränderungen zu beobachten (Abb. 37).

11-Ketotestosteron

Auch die Konzentrationsverläufe an 11-KT der Milchner aus den Versuchsgruppen waren biphasisch (Abb. 37).

Während der Kühlphase stiegen die Konzentrationen an 11-KT von 0,55 ± 0,48 (Tag 0) auf 5,6 ± 2,6 ng/mL im 3. Monat an, um bis zum 4. Monat abzusinken (Abb. 37). Erneute Höchstwerte wurden belichtungsabhängig zwischen dem 6. Und 7. Monat detektiert. Während für die Männchen der 8 H:16 D-Gruppe der Konzentrationspeak bei 3,1 ± 2,8 ng/mL ermittelt wurde, erreichten die anderen Behandlungsgruppen ihre Maximalkonzentrationen an 11-KT einen Monat später. Die dabei gemessenen Konzentrationen lagen bei 8,6 ± 21,1 (10 H:14 D), 20,7 ± 44,5 (12 H:12 D) und 39 ± 90,9 ng/mL (14 H:10 D) (Abb. 37). Die Konzentrationen an 11-KT in den Tieren der Kontrollgruppe waren dagegen durchweg gering und lagen im Durchschnitt bei 0,5 ± 0,2 ng/mL (Abb. 37).

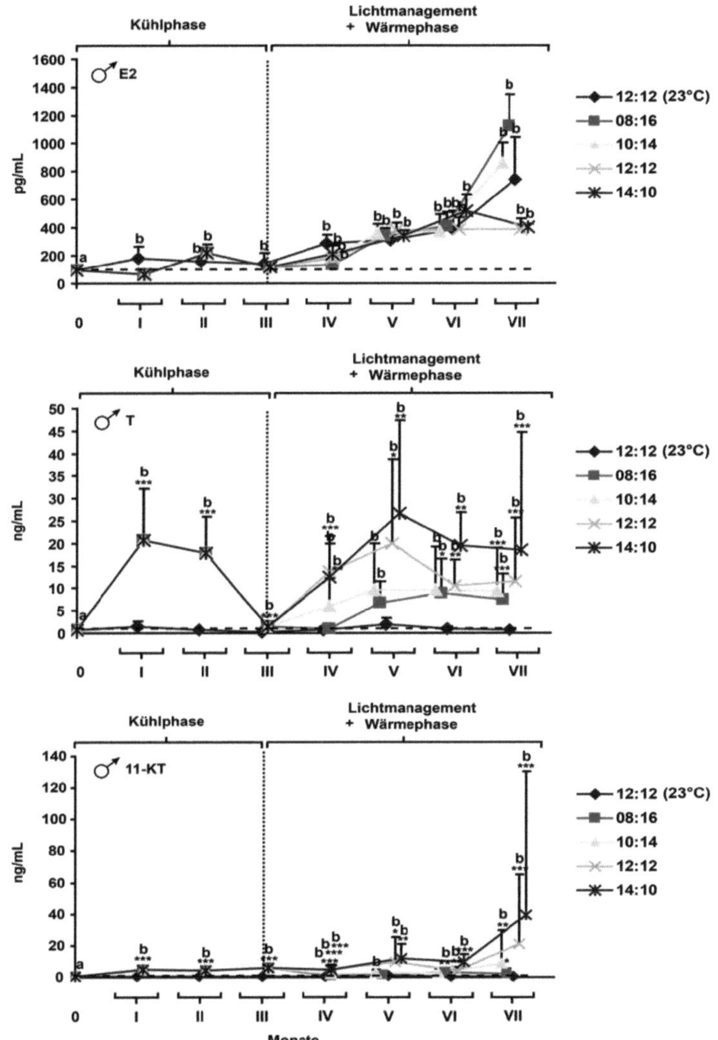

Abbildung 37: Effekt der Photo-Temperatur-Behandlung auf die Plasmakonzentrationen (Mittelwert ± Standardabweichung) der Sexualsteroide E2, T und 11-KT männlicher Zander. Die Plasmakonzentration der Sexualsteroide männlicher Zander, welche nach einer 3-monatigen Kühlphase bei 12°C bei einer Photoperiode von 12 H:12 D für weitere 4 Monate bei 14°C bei einer Photoperiode von 8 H:16 D, 10 H:14 D, 12 H:12 D und 14 H:10 D gehältert wurden, wurde nach 0, I, II, III, IV, V, VI und VII Monaten bestimmt. Die gestrichelte horizontale Linie gibt die entsprechende Plasmakonzentration der Sexualsteroide der Tiere am Tag 0 an. Die gepunktete vertikale Linie kennzeichnet das Ende der Kühlphase nach 12 Wochen und den Beginn der Wärmephase. Es wurden jeweils das Plasma von 9 Tieren pro Versuchseinheit und Beprobungsdatum gemessen. Signifikante Unterschiede zwischen den entsprechenden Konzentrationen und den Konzentrationen am Tag 0 sind mit Sternchen (* p<0,05; ** p<0,01; *** p<0,001 Dunns multiple comparison Test), Unterschiede zwischen den Konzentrationen innerhalb einer Beprobung durch Buchstaben gekennzeichnet (p<0,05 Dunns multiple comparison Test).

4. Diskussion

Der Europäische Zander ist ein beliebter Sport- und Speisefisch. Dennoch ist die Reproduktion dieser Tiere in RAS bisher noch nicht etabliert. Darüber hinaus sind nur wenige Daten über die endokrinologische Regulation der Gametogenese verfügbar. Deshalb war es Ziel dieser Arbeit ein Protokoll zu entwickeln, welches es ermöglicht Zander in RAS ganzjährig zu reproduzieren und gleichzeitig erstmals Daten über die Regulation und den Verlauf der Gametogenese bereitzustellen.

Um die Diskussion übersichtlicher zu gestalten, wird jeder Versuchsdurchgang einzeln und nach Geschlechtern getrennt diskutiert.

4.1. Versuchsdurchgang 1

Während des 1. Versuchsdurchgangs wurden noch nicht geschlechtsreife Zander Temperaturen von 6°C, 9°C, 12°C, 15°C oder 23°C ausgesetzt. Dadurch konnten spezifische temperaturabhängige Effekte in Rognern wie in Milchnern detektiert werden.

4.1.1. Weibchen

Je nach Hälterungstemperatur wurden spezifische Effekte auf das Wachstum, die mRNA-Expression von FSHβ und LHβ, die Reifung und die Konzentrationen der Sexualsteroide beobachtet.

Effekt der Temperatur auf Wachstum und Reifung der Gonaden

Der GSI als unumstößliches Anzeichen der gonadalen Entwicklung stieg in Rognern der 12°C-Gruppe schon nach 3 Monaten auf Maximalwerte von 6,3 % (Ø 3,4 %) an.

Dieses deutet auf eine ausgeprägte Entwicklung hin, wenn man bedenkt, dass adulte Rogner in der freien Natur kurz vor der Eiablage einen GSI zwischen 7 – 15 % (im Maximalfall 22 %) erreichen (Schlumberger and Proteau, 1996). Zusammen mit dem Anstieg des GSI war auch histologisch eine fortschreitende Reifung zu beobachten. Fast 90 % der 12°C-Weibchen war nach 3 Monaten schon im mittleren Stadium der Vitellogenese. Bei Rognern, welche bei 9°C oder 15°C gehältert wurden, konnte ein vergleichbarer Zustand der Reifung erst nach 2 weiteren Monaten beobachtet werden. Im Gegensatz dazu zeigten Tiere, welche bei 23°C gehältert wurden, keine gonadale dafür aber eine ausgeprägte somatisch Entwicklung. Bei ihnen konnte eine Zunahme aller Wachstumsparameter beobachtet werden. Dieses untermauert die Aussagen von Hilge und Steffens (1996) und Zakes et al., (2003) nach denen die beste Wachstumsperformance im Temperaturbereich zwischen 22 und 24°C erreicht wird. Die negative Beeinflussung des somatischen Wachstums durch die Reifung der Gonaden ist hinreichend bekannt und wird auch durch unsere Beobachtungen gestützt (Davis et al. 2007, Meinhardt and Yo 2006, Würtz et al., 2007a, b; Taranger et al., 2010).

Effekt der Temperatur auf die mRNA-Expression der Gonadotropine

Die mRNA-Expression der Gonadotropine FSHβ und LHβ in der Hypophyse der Rogner erhöhte sich deutlich mit zunehmendem Reifegrad. Üblicherweise wird in Teleosteer eine gesteigerte mRNA-Expression von FSHβ in der frühen Phase der Pubertät beobachtet. Hier ist FSH an der Regulation des Oocytenwachstums und der Anlage der kortikalen Alveolen beteiligt (Swanson et al., 1991, 1995; Hassin et al., 1999, 2000; Carillo et al., 2009). Eine gesteigerte Expression der LHβ-mRNA ist dagegen meist in späteren Phasen des Reifungszyklus zu finden, d. h. kurz vor der Ovulation bzw. Spermatogenese (Swanson et al., 1991, 1995; Hassin et al., 1999, 2000; Carillo et al., 2009).

In vivo- und *in vitro*-Untersuchungen an Regenbogenforellen (*Oncorhynchus mykiss*) legen weiterhin den Schluss nahe, dass FSH nicht nur das Oocytenwachstum und die Anlage der kortikalen Alveolen reguliert, sondern darüber hinaus noch maßgeblich an der rezeptorvermittelten, endocytotischen Aufnahme von Vitellogenin in die

Oocyten beteiligt ist (Tyler et al., 1991, 1997). Zum Ende der Vitellogenese und dem Beginn der finalen Eireifung sinken für gewöhnlich die Konzentrationen an FSH stark ab, parallel mit entsprechend fallenden Konzentrationen an E2 und den durch steigenden LH Level getriggerten Anstieg der Synthese und Sekretion von DHP (Hassin et al., 1999; Carillo et al., 2009). Bei den von uns untersuchten Zandern wurde ein davon abweichendes Expressionsmuster beobachtet. Neben der erwarteten erhöhten FSHβ-mRNA Expression in Rognern im Verlauf des frühvitellogenen Stadiums, stiegen gleichzeitig die LHβ-Spiegel stark an. Während die mRNA-Expression von FSHβ auch mit fortschreitender Reifung nahezu identisch blieb, wurde die von LHβ noch einmal nachhaltig gesteigert. Dieses lässt mehrere Schlüsse zu, entweder ist LHβ auch an der Regulierung von Prozessen im frühen Stadium der Vitellogenese beteiligt oder aber die gemessenen Expressionsspiegel der Gonadotropine sind nur mittelbar mit den tatsächlich im Blut zu messenden Konzentrationen verbunden. Die Messung der Konzentrationen der Gonadotropine im Blut war leider nicht möglich, da z. Zt. noch keine entsprechenden Testkits bzw. Immunassays für die Bestimmung der Gonadotropine von Perciden verfügbar sind. Allerdings gibt es entsprechende Hinweise, dass die mRNA-Expressionslevel von FSHβ stark mit denen im Blut zu messenden Konzentrationen korrelieren, nicht jedoch die des LHβ (Swanson et al., 2003). Somit lässt sich spekulieren, das auch beim Zander FSH stärker an der frühvitellogenen Prozesssteuerung beteiligt ist, während die Funktion des LH in der fortgeschrittenen gonadalen Reifung zum Tragen kommt.

Effekt der Temperatur auf die Plasmakonzentrationen der Sexualsteroide

Die Konzentrationen der Sexualsteroide E2, T und 11-KT waren, begleitend mit dem Erscheinen von MV-Rognern in Tieren der 12°C-Gruppe, schon nach 3-monatiger Hälterung sichtbar. Bei Tieren der 9°C- und 15°C-Gruppe konnten vergleichbare Konzentrationen erst 2 Monate später gemessen werden. Tiere, welche bei 6°C und 23°C gehältert wurden, zeigten dagegen keine gesteigerten Steroidwerte. Dass die Synthese des Vitellogenins in der Leber direkt abhängig ist von der E2- und der T-Konzentration (T dient als Präkursor von E2 und wird durch eine spezifische Aromatase in dieses umgewandelt), ist hinlänglich bekannt (Lubzens et al., 2010). Dies wurde u. a. im Kilifisch (*Fundulus heteroclitus*) und im Schwertfisch (*Xiphias gladius*) beobachtet (Corriero et al., 2004; Lubzens et al., 2010). Im Zebrafisch (*Danio rerio*), dem Getüpfelten Gabelwels (*Ictalurus punctatus*) und der Regenbogenforelle (*Oncorhynchus mykiss*) konnte gezeigt werden, dass der Anstieg der mRNA-Expression von FSHβ einhergeht mit der Akkumulation der kortikalen Alveolen direkt vor dem Einsetzen der Einlagerung von Vitellogenin (Kumar and Trant, 2001; Kwok et al., 2005; So et al., 2005; Campbell et al., 2006). Somit lässt sich schließen, dass Zander, welche als in der frühesten Phase der Reifung stehend angesprochen wurden, gerade erst mit der Synthese des Vitellogenins und der Einlagerung von Lipiden begonnen hatten bzw. noch in der Phase der Akkumulation der kortikalen Alveolen waren (welches nach Lubzens et al. (2010) ebenfalls ein Zeichen fortschreitender Reifung ist). Diese Phase der Reifung wir nach Selman et al. (1993) auch als primäre Vitellogenese bezeichnet.

Ein weiterer Faktor der die Synthese von E2 und damit die Vitellogenese beeinflusst ist die Cytochrom P450-Aromatase, welche T in E2 konvertiert und somit das terminale Enzym der E2-Synthese darstellt. Die Temperaturen zwischen 9°C und 15°C (und evtl. höher) könnten einen ersten Hinweis auf eine Temperaturabhängigkeit dieser Aromatase sein. Überraschenderweise zeigten Zander, welche bei 6°C gehältert wurden, keine nennenswerten Reifungserscheinungen, obwohl dieser Temperaturbereich üblicherweise in der Zeit der Vitellogenese bzw. während der Induktion der Gametogenese erreicht oder sogar unterschritten wird (Hokkanson et al., 1977). Hokkanson et al. (1977) postulierte in seiner Studie, dass ein sensibler Temperaturbereich von mindestens 10°C unterschritten werden muss, um die Vitellogenese beim Zander zu induzieren und ablaufen zu lassen. Bei Rognern des Europäischen Zanders scheint dieses jedoch nicht der Fall zu sein. Möglicherweise triggert nicht nur die eigentliche Temperatur, sondern ebenso der Grad der Temperatursenkung selbst die Induktion der Pubertät (Wang et al., 2010). Interessanterweise konnte auch ein Anstieg des 11-KT in MV-Weibchen beobachtet werden. Das dieses Androgen, welches vornehmlich als Hauptregulator der Spermatogenese betrachtet wird, auch an der Regulation der weiblichen Gametogenese beteiligt sein könnte, wird erst in jüngster Zeit diskutiert (Lokman et al., 2007; Divers et al., 2010). Entsprechende Beobachtungen wurden zuerst im Kurzflossen-Aal (*Anguilla australis*) gemacht. Es konnte nachgewiesen werden, dass 11-KT in weiblichen Aalen nicht nur das Wachstum prävitellogener Oocyten fördert, sondern dass es auch an der Aufnahme von Lipiden in die Oocyte während der fortschreitenden Reifung beteiligt ist (Lubzens et al., 2010). Dieses deckt sich mit den gemachten Beobachtungen an weiblichen Zandern im mittleren Stadium der Vitellogenese, welches u. a. dadurch gekennzeichnet war, dass (vermutlich) große Mengen von Lipiden in die Oocyte aufgenommen wurden (Lubzens et al., 2010).

Bezüglich des Konzentrationsverlaufs des DHP konnte während des gesamten Versuchsablaufes keine signifikante Veränderung festgestellt werden. Miura et al. (2007) konnten in Gewebeproben des Ovars von Japanischen Huchen (*Hucho perryi*) und Karpfen (*Cyprinus carpio*) *in vitro* nachweisen, dass DHP in der Lage ist die frühen Prozesse der Oogenese von der Proliferation der Oogonien bis zum Eintritt in die erste meiotischen Teilung positiv zu beeinflussen. Diese Prozesse laufen allerdings während der Geschlechtsdifferenzierung bzw. kurz darauf ab. Nach Lappalainen, Dörner and Wysujack (2003) findet die Oogenese ab Längen zwischen 5,7 bis 7,9 cm (je nach Geschlecht) statt. Die Phase der Geschlechtsdifferenzierung war nicht Teil dieser Untersuchung. Da aber bisher keinerlei Daten über die Funktion des DHP im Verlauf der Gametogenese beim Zander zur Verfügung standen, wurde auch dieses Sexualsteroid in die Untersuchung mit einbezogen. Es steht also zu vermuten, dass DHP keine vordergründige Rolle bei der Initiation der Pubertät und dem Verlauf der Vitellogenese spielt. Somit scheint DHP möglicherweise nur eine Funktion innerhalb der Regulation der finalen Eireifung zu haben, so wie es bei seinem nordamerikanischen Verwandten, dem Amerikanischen Zander (*Sander vitreus*) der Fall ist (Barry et al., 1995).

4.1.2. Männchen

Effekt der Temperatur auf Wachstum und Reifung der Gonaden

Aufgrund der identischen Effekte der Temperatur auf die Wachstumsfaktoren von Männchen und Weibchen, wurde die Diskussion des Effekts der Temperatur auf das

Wachstum bereits im Kapitel 4.1.1. (Effekt der Temperatur auf Wachstum und Reifung der Gonaden) abgehandelt.

Wie auch bei den Rognern, so konnte auch bei den Milchnern ein ausgeprägter Einfluss der Temperatur auf die testikuläre Entwicklung nachgewiesen werden. Der GSI stieg besonders in Tieren der 9°C- und 12°C-Gruppe stark an. Es konnten Maximalwerte von 2,8 (9°C) und 3,4 % (12°C) festgestellt werden. Diese ist durchaus überraschend, da die diesbezügliche Literatur (Schlumberger and Proteau 1996; Özyurt et al., 2011) GSI-Werte bis 1 % (und weniger) kurz vor bzw. während der Laichzeit angibt. Rogner des Amerikanischen Zanders dagegen können GSI-Werte von bis zu 3 % während der Laichzeit erreichen (Malison et al., 1994). Da die aus der bisher einzigen Studie bekannten GSI-Werte für Milchner (Schlumberger and Proteau 1996) nun durch Özyurt et al. (2011) bestätigt wurden, lässt sich über die gemachten Beobachtungen dieser Versuchsreihe spekulieren. Es scheint am naheliegendsten, dass die Nährstoffversorgung der Zander und das Fütterungsmanagement (24 h Bandfutterautomaten) zu den beobachteten Effekten beitrugen oder dass bisher unbekannte exogene Faktoren die gonadale Reifung positiv beeinflussten. Dass durch eine definierte Diät der GSI gesteigert werden kann, wurde erst kürzlich durch eine Studie an Schwertträgern (*Xiphophorus hellerii*) dokumentiert (Abasali und Mohammad, 2010). Aber auch für eine Vielzahl anderer Arten wie z. B. den Gefleckten Kaninchenfisch (*Siganus guttatus*) (Duray et al., 1994) oder die Goldbrasse (*Sparus aurata*) (Watanabe et al., 1984 a, b) wurde der Beweis erbracht, dass die Versorgung mit ungesättigten Fettsäuren oder Vitaminen die Eiqualität, die Fekundität und die Qualität der Larven steigern kann (Izquierdo, Hernandez-Palacios and Tacon, 2001).

<u>Effekt der Temperatur auf die mRNA-Expression der Gonadotropine</u>

Ähnlich wie bei den Rognern, so nahm auch in Milchnern die mRNA-Expression der Gonadotropine FSHβ und LHβ in der Hypophyse in Abhängigkeit vom Reifestadium zu. Es ist mittlerweile anerkannt, dass die Gonadotropine die Steroidogenese in den Leydigschen Zwischenzellen des Hodens regulieren (Garcia-Lopez et al., 2009; Schulz et al., 2010). Mit der bisher einzig bekannten Ausnahme, dem Zebrabärbling (*Danio rerio*), ist aber allein FSH in der Lage die Aktivität der Sertoli-Zellen zu steuern (Schulz et al., 2010). Die Sertoli-Zellen versorgen das sie umgebende Hodengewebe bzw. die Keimzellen mit Nährstoffen, bilden das stützende Skelett der Hodenkanälchen und sind durch die Produktion von Inhibin und das Androgen-Bindende-Protein via Rückkopplung zur HPG an der Homöostase der Hormone beteiligt (Schulz et al., 2010). Die Regulation der Reifung durch FSH und LH scheint dabei abhängig von der jeweiligen Spezies zu sein. In Salmoniden wird die frühe Spermatogenese primär durch FSH reguliert, welches im späteren Verlauf der Reifung in der Konzentration absinkt und durch steigende LH-Konzentrationen in der Kontrolle abgelöst wird. Diese zweigeteilte Verteilung der Kontrolle ist aber längst nicht in allen (männlichen) Teleosteer zu finden (Gomez et al., 1999, Mateos et al., 2003, Schulz et al., 2010). Bei den untersuchten Zandern war die Expression beider Gonadotropine bereits in den frühen Phasen der Spermatogenese erhöht und änderte sich im weiteren Verlauf der Entwicklung nicht mehr signifikant. Mateos et al. (2003) beobachtete ebenfalls einen stadienabhängigen, parallelen Anstieg der mRNA-Expressionen von FSHβ und LHβ in Milchnern des Europäischen Wolfsbarsches (*Dicentrarchus labrax*). Wohingegen in der Roten Meerbrasse (*Pagrus major*) die Expression von FSHβ-mRNA mit fortschreitender Reifung anstieg, die der LHβ-mRNA aber schon zu Beginn der Spermatogenese stark erhöht war (Gen et al., 2003). Damit bestätigen sich auch für den Zander die bisher gemachten Beobachtungen und Vermutungen, dass ganz besonders in Perciden die Expressionsmuster der Gonadotropine stark zwischen den einzelnen Arten variieren (Swanson, Dickey and Campbell, 2003; Yaron et al., 2003).

Effekt der Temperatur auf die Plasmakonzentrationen der Sexualsteroide

In männlichen Zandern konnten erhöhte Konzentrationen beider Androgene in Abhängigkeit vom Reifegrad festgestellt werden. Dagegen wurden keine signifikanten Veränderungen der gemessenen Konzentrationen von E2 und DHP, in Relation zum Stadium der Spermatogenese festgestellt.

Es ist aus zahlreiche Studien bekannt, dass die Androgene (besonders 11-KT) die Hauptregulatoren der Spermatogenese sind (Weltzien et al., 2004; Kloas et al., 2009; Schulz et al., 2008, 2010). Diese werden daher hier nur kurz abgehandelt. 11-KT reguliert Prozesse der Spermatogenese von der Proliferation der Spermatogonien bis zur Spermiogenese und Spermiation entweder direkt oder über die Kontrolle der Sertoli-Zellen. Darüber hinaus gibt es zahlreiche Hinweise, dass die Androgene teilweise die Hydratation und die Zusammensetzung des Seminalplasmas regulieren (Schulz et al., 2010).

Über die potentielle Rolle des E2 an der Regulation der Spermatogenese ist weit weniger bekannt (Schulz et al., 2010). Im Japanischen Aal (*Anguilla japonica*) und dem Japanischen Huchen (*Hucho perryi*) konnte gezeigt werden, dass E2 die Proliferation der Spermatogonien und die Erneuerung der testikulären Stammzellen stimuliert (Amer et al., 2001; Miura et al., 2007, Schulz et al., 2010). Eine Beteiligung des E2 an Prozessen der Spermatogenese wurde u. a. durch die Entdeckung von 3 Estrogenrezeptortypen (alpha, beta 1 und beta 2) in männlichen Gonaden untermauert (Schulz et al., 2010). Desweiteren konnte nachgewiesen werden, dass E2 entweder direkt oder indirekt die Expression verschiedener Gene beeinflusst, welche eine tragende Rolle in der Steroidogenese (z. B. Steroid-Akut-Regulator-Protein, sowie Aromatase A und B) und Spermatogenese (Retinol-Bindungs-Protein) spielen (Schulz et al., 2010). Wie auch beim Japanischen Huchen (*Hucho perryi*), so wurden auch in männlichen Zandern konstante Mengen an E2 (300 – 400 pg/mL) über den gesamten Versuchsverlauf detektiert. Dieses legt den Schluss nahe, dass E2 auch im Europäischen Zander die Spermatogenese und die Steroidogenese beeinflusst.

Komplementär zum Konzentrationsverlauf des E2 wurde auch DHP stadienunabhängig in konstanten Mengen in den untersuchten Milchnern festgestellt. Es ist dokumentiert, dass DHP in vielen Salmoniden, Cypriniden und anderen Spezies u. a. die Induktion der Spermiation reguliert, stets einhergehend mit dem Absinken der Androgenspiegel (Amer et al., 2001; Scott, Sumpter and Stacey, 2010). Es beeinflusst weiterhin den pH-Wert und die Viskosität der Seminalflüssigkeit und gewährleistet so ein optimales Milieu für die Spermien. Es wurde ebenfalls dokumentiert, dass DHP und andere Progestine an der Induktion der Meiose in der frühen Phase der testikulären Reifung einiger Spezies beteiligt ist (Miura et al., 2006; Amer et al., 2010). Da in den von uns untersuchten Milchnern aber die gemessenen Konzentrationen nicht mit zunehmender Reifung abnahmen, steht zu vermuten, dass DHP nicht an den frühen Prozessen der Spermatogenese beteiligt sind bzw. dass eventuell ein anderes Progestin diese Aufgabe innehat. Ein kausaler Zusammenhang zwischen

DHP und der Spermiation konnte auch deshalb nicht evaluiert werden, da die untersuchten Tiere in der Reifung noch nicht soweit fortgeschritten waren. Nichtsdestotrotz sind dies die ersten Daten für DHP und E2 während der gonadalen Reifung im Europäischen Zander.

4.1.3. Zusammenfassung

Im 1. Versuchsdurchgang konnte gezeigt werden, dass eine Verringerung der Wassertemperatur von 23°C auf 12°C für eine Dauer von 3 Monaten ausreichend ist, um in beiden Geschlechtern des Zanders das Einsetzen der Pubertät zu induzieren. Erstmalig wurde in diesem Zusammenhang auch der parallele Anstieg der mRNA-Expression beider Gonadotropine und der Konzentrationsverlauf der Sexualsteroide untersucht und aufgezeigt.

4.2. Versuchsdurchgang 2

Der 2. Versuchsdurchgang wurde durchgeführt, um zu überprüfen, ob es nach der Induktion der Pubertät einen bestimmten Temperaturbereich gibt, bei dem:

1. die Vitellogenese und Spermatogenese des Zanders vollständig abläuft.

2. die induzierte gonadale Reifung wieder unterdrückt werden kann.

4.2.1. Weibchen

<u>Effekt der Temperatur auf Wachstum und Reifung der Gonaden</u>

Die Hälterung der Rogner bei Temperaturen zwischen 12°C und 23°C hatte einen nachweislichen Einfluss auf die Wachstumsparameter und das Fortschreiten der Vitellogenese. Wie bereits im Versuchsdurchgang 1 beobachtet, so zeigten Tiere, welche bei 23°C gehältert wurden, eine signifikante Zunahme an Länge und Gewicht. Innerhalb der 26-wöchigen Hälterung verdreifachten die Rogner dabei ihr Gewicht. Tiere der Temperaturbehandlung zeigten dagegen keine Zunahme an Länge, Gewicht oder Konditionsfaktor, dafür aber eine ausgeprägte Vitellogenese. Wie auch im vorhergehenden Versuch spiegelt dies die bereits diskutierte Konkurrenz des somatischen und des gonadalen Wachstums wider (Davis et al., 2007; Würtz et al., 2007 a, b; Taranger et al., 2010). Da in diesem Versuchsdurchgang die Probengewinnung am lebenden Tier mittels Biopsie erfolgte, stehen keine Daten bezüglich der Entwicklung des GSI zur Verfügung, stellvertretend dafür aber die Durchmesser der Oozyten. Tiere, welche nach der Kühlphase (12°C) bei Temperaturen von 12°C und 14°C weiter gehältert wurden, zeigten dabei die ausgeprägteste Größenzunahme. Bei ihnen wurden ab der 22. Woche Oocyten mit Durchmessern von über 1100 µm gefunden. Für befruchtete Eier des Zanders werden durchschnittliche Größen von 800 bis 1670 µm genannt (Schlumberger and Proteau 1996; Lappalainen, Dörner and Wysujack, 2003). Da die von uns untersuchten Eier aber nicht befruchtet waren und die nach der Fertilisation übliche Absorption von Wasser ebenfalls noch nicht stattgefunden haben konnte, lagen die vermessenen Oocyten weit über der erwarteten Größe. Wie auch im vorherigen Versuchsdurchgang kann hier von einem positiven Einfluss durch die besonders angepasste Diät ausgegangen werden. In Regenbogenforellen (*Oncorhynchus mykiss*) führte eine unilaterale Ovariektomie zu einer 75-prozentigen Zunahme der Oocytendurchmesser. Dies führten die Autoren auf eine Mehrverfügbarkeit essentieller Nährstoffe für das verbliebenen Ovar zurück (Tyler et al., 1994; Tyler and Sumpter, 1996). Ob aber größere Eier bzw. Oocyten auch eine bessere Qualität aufweisen im Sinne von Bromage et al., (1992) nachdem qualitativ hochwertige Eier geringere Mortalitätsraten nach der Fertilisation, dem Ausbilden des Augenstadiums, dem Schlupf und der ersten Aufnahme von Futter haben, bedarf der Überprüfung. Die Beobachtungen der Oocytendurchmesser spiegelten sich auch in den entsprechend identifizierten Reifestadien wider. In der 20. Woche (14°C) und der 22. Woche (12°C) befanden sich alle beprobten Weibchen im späten Stadium der Vitellogenese. Tiere, welche über 14°C gehältert wurden, zeigten dagegen eine weniger ausgeprägte Vitellogenese. Besonders bei 18°C waren nur wenige Rogner in der Lage die Vitellogenese zu beenden.

Effekte der Temperatur auf die Plasmakonzentrationen der Sexualsteroide

Das angewandte Temperaturregime hatte einen deutlichen Einfluss auf die Plasmakonzentrationen von E2, T und 11-KT.

Wie der Durchmesser und das Entwicklungsstadium der Oocyten, so wurde in dieser Versuchsreihe der Verlauf der Sexualsteroide als Hauptindikator der Reifungsprozesse verwendet. Der Konzentrationsverlauf des E2 war klar biphasisch, mit einem Maximum nach der Kühlphase und einem weiteren mit dem jeweiligen Erreichen des Stadiums der späten Vitellogenese. Deutlich war, dass nach Beendigung der Kühlphase die E2-Konzentrationen der Tiere, welche über 14°C gehältert wurden, auf basale Werte absanken (bis auf einen Peak in der 16°C-Gruppe in der 22. Woche), die der 12°C- und 14°C-Tiere dagegen ebenfalls über einen Zeitraum von 4 Wochen absanken, um danach wieder kontinuierlich anzusteigen. Im Amerikanischen Zander (*Sander vitreus*) und dem Flussbarsch (*Perca fluviatilis*) wurden E2-Konzentrationen von 1 – 2 ng/mL während der frühen Vitellogenese beobachtet (Sulistyo et al., 1998). Vergleichbare Werte konnten auch in den von uns untersuchten Zandern dieses Reifestadiums gemessen werden. Wesentlich höhere Konzentrationen können dagegen Cypriniden dieses Reifegrades, mit bis zu 100 ng/mL, aufweisen (Haidari et al., 2010). So scheint es, dass mit dem Einsetzen der Vitellogenese E2 Konzentrationen von bis zu 2 ng/mL typisch sind für zumindest einen größeren Teil der Perciden. Warum aber bei Temperaturen über 14°C die Werte an E2 abnahmen, kann nur spekuliert werden; u. U. stoßen hier bestimmte Enzyme wie, z. B. die Cytochrom P450-Aromatase an ihre Temperaturgrenze.

Dass die von uns gemachten Beobachtungen möglicherweise durch eine Aktivitätsänderung der Aromatase zu erklären ist, wird durch die parallel zu den sinkenden E2 Konzentrationen ansteigenden T-Konzentrationen der 16°C- und 18°C-Tiere 4 Wochen vor dem Anstieg des T bei den bei 12 und 14°C gehälterten Tieren (mit Beendigung der Vitellogenese in diesen Tieren) gestützt. Einen identischen Konzentrationsverlauf der Steroide durch eine temperaturbedingte Depression der Aromatase konnte auch bei Atlantischen Lachsen (*Salmo salar*) beobachtet werden (Watts et al., 2004; Anderson et al., 2012). Jedoch bedarf es weiterer Untersuchungen, um dieses auch für den Zander mit Sicherheit sagen zu können. Interessanterweise konnten wir auch einen signifikanten Anstieg des 11-KT besonders in den 12°C- und 14°C-Tieren nach Vollendung der Kühlphase nachweisen. Welche bzw. ob 11-KT eine wichtige Rolle in der Regulation der Reifung weiblicher Teleostier hat, ist wenig erforscht. Nach Lokman et al. (2007) ist u. a. 11-KT an der Regulation des Wachstums prävitellogener Oocyten beteiligt. Überdies scheint 11-KT die Aufnahme von Lipiden in der Form von Lipoproteinen in die Oocyten während der Reifung zu unterstützen. Dieses geht aus Untersuchungen des Kurzflossen-Aals (*Anguilla australis*) hervor (Rohr et al., 2001; Divers et al., 2010; Endo et al., 2011). Dies würde die erhöhten Konzentrationen in den reifenden Rognern erklären. Jedoch wurden ebenfalls ähnlich hohe Konzentrationen in Weibchen der 23°C-Gruppe gemessen, welche, den histologischen Befunden nach, nicht in der Vitellogenese waren. Auch dieser Fakt bedarf der weiteren Überprüfung.

Wie auch in der 1. so konnte auch in dieser Versuchsreihe keine signifikante Veränderung der DHP-Konzentrationen beobachtet werden. Dieses ist ein weiterer Beweis dafür, dass DHP, wenn überhaupt, nur an der Steuerung der finalen Reifung beteiligt ist. Entsprechende Beobachtungen existieren bisher nur vom Amerikanischen Zander (*Sander vitreus*) (Pankhurst et al., 1986; Barry et al., 1995). Hier stiegen die Konzentrationen von DHP nur für wenige Tage, parallel mit dem Einsetzen und Fortschreiten des GVBD, begleitet mit sinkenden Konzentrationen an E2 und T. So lässt sich spekulieren, ob die von uns beobachteten Weibchen (primär der 12°C- und 14°C-Gruppe) aufgrund ihrer sinkenden E2-Spiegel kurz vor dem Umschalten des Steroidogeneseweges auf DHP waren.

4.2.2. Männchen

Effekt der Temperatur auf das Wachstum

Ebenso wie bei den Weibchen der 23°C Gruppe, so zeigten auch die Männchen dieser Gruppe eine starke Zunahme an Länge und Gewicht, die sogar noch ausgeprägter war als bei den Weibchen. Interessanterweise konnten auch Milchner, besonders der 14°C-Gruppe geringfügig an Länge und Gewicht zulegen. Auch für Männchen gilt also die Interaktion zwischen Wachstums- und Reproduktionsachse.

Die Reifung der Gonaden konnte durch die Art der Probengewinnung nur anhand der Konzentrationsverläufe der Sexualsteroide diskutiert werden.

Effekte der Temperatur auf die Plasmakonzentrationen der Sexualsteroide

Die Konzentrationsverläufe der Schlüssselregulatoren der Spermatogenese 11-KT und T zeigten besonders in Milchnern einen klar temperaturabhängigen Effekt. Während T hauptsächlich via positiver Rückkopplung auf den Hypothalamus und die Hypophyse die Sekretion der Gonadotropine reguliert, kontrolliert 11-KT vielfältige Prozesse im Laufe der testikulären Reifung (Weltzien et al., 2004; Kloas et al., 2009; Schulz et al., 2010). Die Steuerung der Spermatogenese erfolgt dabei häufig über bestimmte Faktoren der Sertoli-Zellen. Es gibt zahlreiche Hinweise darauf, dass diese regulierenden Faktoren besondere Wachstumsfaktoren sind, wie die Insulin ähnlichen Wachstumsfaktoren (Würtz et al., 2007 a, b; Schulz et al., 2010). Nach Beendigung der Kühlphase, wurden besonders in Milchnern, welche bei Temperaturen zwischen 12 und 16°C gehältert wurden, ein deutlicher Anstieg beider Androgene nach 20-wöchiger Hälterung beobachtet. Damit kann angenommen werden, dass die ansteigenden Androgenspiegel die finale Reifung der Milchner einleiteten. Dieses scheint offensichtlich, da zu diesem Zeitpunkt Männchen in der Spermiation beobachtet wurden.

Die Konzentrationen an gemessenem E2 zeigten einen besonders ausgeprägten biphasischen Verlauf, mit einem Peak am Ende der Kühlphase und einem am Ende der Versuchszeit parallel mit dem vermuteten Ende der Spermiation in Milchner der 12°C-, 14°C- und 16°C-Gruppen. Die ansteigenden E2-Konzentrationen gingen dabei einher mit sinkenden Konzentrationen der Androgene. Vergleichbare Beobachtungen wurden u. a. auch in der Goldbrasse (*Sparus aurata*) gemacht. In männlichen Goldbrassen wurden steigende E2-Spiegel am Ende der Spermatogenese und während post-spermatogener Prozesse gemessen (Kadmon, Yaron and Gordin, 1985; Chavez-Pozo et al., 2007). In einer weiteren Studie wurden in spermierenden Regenbogenforellen (*Oncoryhnchus mykiss*), welche geringen Konzentrationen von E2 ausgesetzt waren, eine Reduktion des Volumens der Samenflüssigkeit, die Abnahme der produzierten Spermien sowie eine geringere Fertilität dieser Spermien festgestellt (Lahnsteiner et al., 2006). Somit gibt es Anlass zu der Schlussfolgerung, dass E2 eine besondere Rolle bei der Regulation der Spermatogenese und post-spermatogener Prozesse spielt. Bezüglich der diskutierten Temperaturgrenzwerte der Aromatase in Rognern des Zanders kann spekuliert werden, dass eventuell zwischen den beiden Geschlechtern Unterschiede hinsichtlich dieser Temperaturabhängigkeit bestehen, da auch in Milchnern der 16 und 18°C Gruppe erhöhte E2-Konzentrationen gefunden wurden.

Weniger eindeutig waren die Konzentrationsverläufe des DHP. Es wurden wiederum in Männchen der 23°C-Gruppe partiell erhöhte Konzentrationen gefunden. In Tieren, welche die Kühlphase durchlaufen hatten, konnten zwei Maxima beobachtet werden. Das erste Maximum war nach dem Abschluss der Kühlphase auszumachen, das zweite mit/nach Vollendung der Spermatogenese, parallel zu den sinkenden Konzentrationen an 11-KT. Ansteigende Konzentrationen von DHP scheinen aber nicht nur die Spermiation zu induzieren, sondern auch an der Regulation der anschließenden gametogenetischen Ruhephase beteiligt zu sein. Entsprechende Beobachtungen wurden in der Groppe (*Cottus spec.*) und der Schleie (*Tinca tinca*) gemacht (Pinnillos, Delgado and Scott, 2003; Fukui et al., 2007; Scott, Sumpter and Stacey, 2010). Da aber in Milchnern der 23°C-Gruppe z. T. höhere Konzentrationen gemessen wurden, ist die regulierende Rolle im Falle des Zanders nach wie vor unklar. Auch Malison et al. (1994) war es nicht möglich im Amerikanischen Zander (*Sander vitreus*) nach dem Abfallen der Androgenspiegel während bzw. kurz vor der Spermiation und dem damit postulierten Umschalten der Steroidsynthese von C19 (Androgene) auf C21 (Progestine) (Barry et al., 1990 a, b) signifikant steigende Konzentrationen an DHP nachzuweisen.

4.2.3. Zusammenfassung

Durch die Daten der Versuchsreihe 2 liegt nun ein vollständiges Temperaturprotokoll vor, welches erlaubt bei Zandern in geschlossenen Kreislaufanlagen unabhängig von der Jahreszeit die Gametogenese zu induzieren und zu vollenden. Die Daten der Steroidverläufe geben weiterhin erstmalig Einblick über die endokrine Regulierung der Gametogenese im Zander.

4.3. Versuchsdurchgang 3

Der dritte und auch letzte Versuchsdurchgang wurde an 3-jährigen Tieren durchgeführt, die schon die Pubertät im Vorjahr (Versuchsdurchgang 2) durchlaufen hatten. Es sollte erstmalig evaluiert werden, ob der Reproduktionszyklus des Zanders sich nicht nur durch eine spezifische Temperaturbehandlung (mit einer Kühlphase bei 12°C für 3 Monate und einer anschließenden Warmphase bei 14°C für 4 Monate), sondern zusätzlich auch durch eine Veränderung der Photoperiode beeinflussen lässt.

4.3.1. Weibchen

Effekt der Photo-Temperatur-Behandlung auf Wachstum und Reifung der Gonaden

Wie auch in den vorangegangenen Versuchsreihen, so zeigten die Rogner der 23°C/12 H:12 D-Gruppe die größten Zuwachsraten, auch wenn diese nach einer

Zeitdauer von 3 Monaten in eine Plateauphase übergingen, in der kein weiterer Zuwachs beobachtet werden konnte. Das Absinken der Wachstumsraten in Abhängigkeit vom Alter, wurde für den Zander bereits beschrieben (Ablak and Yilmaz, 2004; Lappalainen et al., 2005; Lappalainen et al., 2009). Diese Beobachtungen können nun auch erstmalig für Zander aus RAS bestätigt und somit in entsprechenden Empfehlungen für die kommerzielle Produktion umgesetzt werden. Tiere, welche der PTB ausgesetzt waren, zeigten keine signifikante Zunahme von Länge oder Gewicht, allerdings konnte in einigen Gruppen eine stetige Erhöhung des Konditionsfaktors beobachtet werden. Besonders in Tieren der 10 H:14 D- und 14 H:10 D-Gruppen stiegen die Werte bis zum 6. Monat an, um danach wieder abzusinken. Das Ansteigen des K in Abhängigkeit vom Reifestadium beim Zander ist bisher nur durch eine Studie dokumentiert (M´Hetli et al., 2011). Die Autoren konnten ein Ansteigen des Konditionsfaktors ca. 2 Monate nach Beendigung des natürlichen Laichgeschäftes (März und April) beobachten. Die kalkulierten Werte (max. 0,83) lagen dabei weit unter denen, welche in der Versuchsreihe 3 beobachtet wurden (max. 1,1). Dass die in freier Natur beobachteten Werte unter denen von Tieren aus RAS blieben, deutet erneut auf die besondere Bedeutung angepasster Futtermischungen hin. Die Autoren begründeten den Anstieg des K nach erst 2 Monaten mit einer Futterverweigerung der Tiere während der ersten Wochen nach dem Ablaichen. Dies scheint in den untersuchten Tieren aus der Versuchsreihe nicht der Fall gewesen zu sein.

Die gonadale Reifung der PTB-Tiere wurde zunächst anhand der ausgeprägten Zunahme der Oocytendurchmesser ersichtlich. Dabei war kein Unterschied zwischen den einzelnen Behandlungsgruppen auszumachen. Auch lagen die beobachteten Maximaldurchmesser nur knapp über den Ergebnissen des Vorjahres aus den damals 2-jährigen pubertierenden Rognern. Betrachtet man zusätzlich die Ergebnisse der histologischen Untersuchungen, lässt sich ein differenziertes Reifungsmuster erkennen. Bereits während der Kühlphase waren SV-Rogner auszumachen, im 4. Monat waren dann in fast allen Versuchsgruppen über 85 % der Rogner im letzten Stadium der Vitellogenese. Rogner mit atretischen Ovarien (67 % in der 14 H:10 D-Gruppe) wurden dann ab dem 5. Monat identifiziert. Dieses legt nach Sulistyo (1998) den Schluss nahe, dass die Tiere spontan in den Becken abgelaicht hatten, was durch entsprechende Beobachtungen während des fraglichen Zeitpunktes bestätigt wurde. Somit kann angenommen werden, dass eine verlängerte Photoperiode die Reifung begünstigte bzw. beschleunigte. Im 6. Monat wurden dann auch in den anderen Gruppen atretische Weibchen gefunden. Der Prozentsatz atretischer Tiere war dabei in Gruppen längerer Belichtungszeit generell höher. Dass, ebenso wie die Temperatur, auch die Photoperiode ein regulierendes Element der Reproduktion sein kann, wurde durch zahlreiche Studien belegt (Bromage, Porter and Randall, 2001; Pankhurst and Porter, 2003; Taranger et al., 2010; Wang et al., 2010). Bei Salmoniden wie der Regenbogenforelle (*Oncorhynchus mykiss*), dem Atlantischen Lachs (*Salmo salar*) und dem Königslachs (*Oncorhynchus tshawytscha*) lässt sich nur mit Hilfe einer veränderten Photoperiode der Eintritt in die Gametogenese (und somit natürlich auch der Pubertät) regulieren, d. h. induzieren oder inhibieren (Taranger et al., 2010; Wang et al., 2010). Bei diesen Spezies reicht allein eine Verlängerung der Photoperiode (Belichtungszeit), um die Gametogenese (bei ansonsten konstanten Bedingungen) zu jeder Zeit des Jahres einzuleiten (Taranger et al., 1998; Wang et al., 2010). Eine veränderte Photoperiode beeinflusst aber auch in anderen Spezies die Gametogenese wie z. B. bei der Meeräsche (*Liza ramada*) (O´Donovan-Lockard et al., 1990), dem Atlantischen Kabeljau (*Gadus morhua*) (Hansen et al., 2001) und dem Wolfsbarsch (*Dicentrarchus labrax*) (Carrillo et al, 1993 a, b; 1995). Durch eine Manipulation der Belichtungszeit und der Temperatur konnten Europäischen Flussbarsche erfolgreich in der Gametogenese induziert und bis zur finalen Eireifung gebracht werden (Abdulfatah et al., 2011). Dabei zeigte sich, dass es weniger entscheidend war, in welchem Zeitraum eine Abkühlung (von 21°C auf 6°C) stattfand (6 oder 16 Wochen), sondern wie stark die Belichtungszeit (von 17 H:7 D) reduziert wurde und über welchen Zeitraum. Am effektivsten erwies sich eine Reduktion um 4 oder 8 h. Aber selbst bei einer Reduktion der Photoperiode um nur 1 h/Tag (von 17 H:7 D zu 16 H:8 D) konnte die Gametogenese und die anschließende Reifung induziert werden. Blieb die Photoperiode dagegen unverändert, so wurde der Reproduktionszyklus nicht eingeleitet. Migaud et al. (2002, 2004) konnten allerdings in derselben Art nur durch ein gezieltes Temperaturregime die Gametogenese induzieren und die Barsche später erfolgreich zum Ablaichen bringen. Aber auch er diskutiert den möglichen Einfluss der Photoperiode auf die Qualität der Geschlechtsprodukte.

Für den Zander existieren ebenfalls Untersuchungen mit dem Ziel einer out-of-season (außerhalb der natürlichen Laichzeit) Reproduktion. In diesen wurden mittels verschiedene Photo-Temperatur-Behandlungen und Hormontreatments eine Vorverlegung des Ablaichens um bis zu 3 Monate erreicht (Zakes and Szczepkowski 2004, Ronyai 2007; Zakes, 2007). Zurzeit existiert aber nur eine Studie, die die erfolgreiche Reproduktion von Zander ohne den Einsatz von Hormonen vorverlegen bzw. induzieren konnte (Müller Belecke and Zienert, 2008). Für diese Studie wurden 3 bis 4 Jahre alte Zander, welche ihr erstes Lebensjahr in einer geschlossenen Kreislaufanlage bei 22 - 24°C verbracht hatten und anschließend für 2 bis 3 Jahre in Netzgehegeanlagen unter natürliche Bedingungen gehältert wurden, verwendet. Diese Tiere wurden jeweils im Dezember oder Januar aus den im natürlichen Gewässer gelegenen Netzgehegeanlagen in gekühlte (auf Außentemperatur des Wassers) Kreislaufanlagen überführt und dann schrittweise auf 15°C erwärmt. Dabei wurde eine gleichzeitige Anhebung der Belichtungszeit von 8 H:16 D auf 16 H:8 D praktiziert. Nach 44 – 102 d bei 15°C waren die Rogner dann kurz vor bzw. während des GVBD und wurden entsprechend mit Milchnern in vorbereitete Laichbecken, welche auf 17°C temperiert waren, überführt. Bei 32 von 35 Rognern konnte durch diese Photo-Temperatur-Behandlung ein erfolgreiches Ablaichen, die Fertilisation und der Schlupf der Larven ohne den Einsatz von Hormonen erreicht werden. Die hier präsentierte Studie ist aber bisher die einzige in der Zander, welche ihr komplettes Leben in RAS verbracht hatten, durch die Anwendung eines PTB (bzw. nur durch eine Temperaturbehandlung – Versuchsdurchgang 2) in der Gametogenese induziert und zur finalen Eireife gebracht wurden.

Effekte des PTB auf die mRNA-Expression der Gonadotropine

Die mRNA-Expression der Gonadotropine FSHβ und LHβ war in MV, SV und atretischen Tieren signifikant erhöht gegenüber unreifen Tieren. Weniger ausgeprägt waren dagegen die Unterschiede innerhalb der verschieden Gruppen des PTB. Hier war ein positiver Trend der Expression mit sich erhöhender Belichtungszeit auszumachen. Die mRNA-Expression nicht nur von LHβ, sondern auch von FSHβ war auch in Tieren der fortgeschrittenen Reifestadien erhöht. Auffällig war, dass bei Rognern welche abgelaicht hatten bzw. atretisch waren noch erhöhte Werte der Gonadotropine gemessen werden konnten. Vergleichbare Verläufe der Expressionen von FSHβ und LHβ konnten ebenfalls im Verlauf des Reproduktionszyklus des Felsenbarsches (*Morone saxatilis*) beobachtet werden (Hassin et al., 1999). Die Steuerung der Prozesse nach dem Ablaichen, welche typischerweise einhergehen mit der Resorption verbliebener Follikel, sind weder auf molekularbiologischer noch endokrinologischer Ebene entschlüsselt worden (Lubzens et al., 2010). Generell sind erste morphologische Anzeichen einer Atresie der schrittweise Zerfall des Nucleus und der cytoplasmatischen Organellen (Mitochondrien, Golgi-Apparat, endoplasmatisches Retikulum), gefolgt von einer Hypertrophie der Follikelzellen, welche lytische Enzyme sezernieren und die Abbauprodukte dann phagocytieren (Lubzens et al., 2010). Unterstützt werden sie dabei von eosinophilen Granulocyten und Makrophagen aus dem Blut (Besseau and Faliex, 1994; Miranda et al., 1999).

Die Expression der Gonadotropine war nur dem Trend nach beeinflusst von der Belichtungszeit. Rogner der 8 H:16 D-Gruppe zeigten generell etwas niedrigere Expressionslevel als Rogner der 12 H:12 D- oder 14 H:10 D-Gruppen, diese Unterschiede waren aber nicht signifikant. Somit ist davon auszugehen, dass eine Veränderung der Photoperiode nur einen untergeordneten Einfluss auf die Expression von LHβ und FSHβ hatte, im Gegensatz zum Faktor Temperatur. Aber auch in diesem Versuchsdurchgang konnten die Beobachtungen der vorhergegangenen Versuchsdurchgänge bestätigt werden in dem Punkt, dass die Steigerungsraten der Expression von LHβ um ein vielfaches höher waren (max. 38-fach) als die des FSHβ (max. 7-fach). Ob diese Unterschiede der Expressionen sich auch in den tatsächlichen Plasmakonzentrationen widerspiegeln konnte nicht geklärt werden (siehe dazu auch Diskussion Versuchsreihe 1).

<u>Effekte der PTB auf die Plasmakonzentrationen der Sexualsteroide</u>

Durch die PTB wurde ein belichtungsabhängiger Verlauf der Konzentrationen der Sexualsteroide erreicht.

Der Verlauf der Plasmakonzentrationen von E2 während des Reifezyklus verlief, wie schon in der vorhergegangenen Versuchsreihe, biphasisch (mit Ausnahme der 12 H:12 D-Gruppe). Der erste Peak (1800 pg/mL) wurde direkt nach Beendigung der Kühlphase detektiert. Nach einem darauffolgenden Abfall stiegen die Werte belichtungsabhängig bis auf Maximalwerte von 6800 pg/mL im 6. Monat (14 H:10 D-Gruppe) an. Dieser zweite Peak trat somit deckungsgleich mit den beobachteten Oocytendurchmessern und spontanem Laichgeschehen auf. Gegen Ende der Versuchsreihe sanken die E2-Spiegel dann auf Werte um 2000 pg/mL ab, parallel dazu stiegen die Konzentrationen an T. Dennoch war der Verlauf des T weit weniger eindeutig. Obwohl die höchsten Werte in der 12 H:12 D-Gruppe gemessen wurden, waren die Werte der Tiere, welche einer Photoperiode von 8 H:16 D ausgesetzt waren, deutlich höher (135 ng/mL) als die der 14 H:10 D-Gruppe. Die erhöhten Konzentrationen von T korrelierten wiederum mit den ansteigenden Konzentrationen an 11-KT zwischen dem 4. und 5. Monat. Die Werte an 11-KT fielen kurz nach Beginn der Versuchsphase erstaunlicherweise stark ab (wie auch in den beiden vorangegangenen Versuchsreihen), um dann mit zunehmender Reifung der Rogner wieder auf Werte um 1000 pg/mL anzusteigen. Die bereits diskutierte Funktion des 11-KT bei der Aufnahme von Lipiden, vermutlich in Form von Lipoproteinen, in die reifende Oocyte kann zwar ohne weiterführende Untersuchungen nur hypothetisch angenommen werden, scheint aber naheliegend (Divers et al., 2010; Lubzens et al., 2010). Gestützt wird diese Hypothese durch neuere Veröffentlichungen, die sich mit der Aufnahme von Lipiden in die reifenden Oocyten befassten (Ibanez et al., 2008, Divers et al., 2010). Der Transport von Lipiden von der Leber zur Oocyte erfolgt mit dem Blutstrom, dafür werden die Lipide, zum grossen Teil Triglyceride, an spezifische Proteine gebunden. Der Transport der Lipoproteine in die reifende Oocyte erfolgt endocytotisch mit Hilfe der Lipoprotein-Lipase (LPL). Der Anstieg der LPL-mRNA-Expression und LPL-Aktivität im Verlauf der Reifung wurde im Europäischen Wolfsbarsch (*Dicentrarchus labrax*) und im Aal (*Anguilla spec.*) nachgewiesen. Divers et al. (2010) konnte weiterhin durch *in vivo*- und *in vitro*-Untersuchungen an vitellogenen Aalen (FV, MV und LV) nachweisen, dass 11-KT in der Lage ist die Aktivität und die mRNA-Expression von LPL in der Oocyte um ein Vielfaches zu steigern und so die Lipidaufnahme zu forcieren. Somit ist zumindest für den Aal bewiesen, dass 11-KT die Aufnahme von Lipiden in die reifende Oocyte reguliert. Durch den Konzentrationsverlauf von 11-KT in Tieren, welche die PTB durchlaufen hatten, ist somit erstmalig die Spekulation berechtigt, dass 11-KT an der Regulation der Aufnahme von Lipiden in die Oocyten im reifenden Europäischen Zander beteiligt ist.

Da die gemessenen Konzentrationen an DHP sehr heterogen über alle Gruppen verteilt waren und der höchste Wert in der 23°C-Gruppe ermittelt wurde, ist eine konkrete Aussage über die Funktion des DHP schwierig. Nach wie vor gibt es zum Europäischen Zander keinerlei Studien, welche sich mit dem vermeintlichen Progestin beschäftigten, welches den GVBD auslöst. Dieses sogenannte maturation inducing steroid (MIS) ist auch im Amerikanischen Zander nicht zweifelsfrei nachgewiesen. Pankhurst et al. (1986) und Barry et al. (1995) konnten nach Hormoninjektionen den GVBD auslösen und einen parallelen Anstieg des DHP registrieren, diskutieren aber auch andere Progestine als mögliche MIS. Generell waren erhöhte Konzentrationen nur über einen Zeitraum von wenigen Tagen zu beobachten, was ein Grund dafür sein könnte, dass diese Veränderung aufgrund der monatlichen Beprobung, statt täglich wie bei Barry et al. (1996), in dieser Studie nicht registriert werden konnte. Darüber hinaus konnte Barry et al. (1995) durch *in vitro*-Versuche nachweisen, dass neben DHP auch 17α,20β,21-Trihydrooxy-4-Pregnen-3-on die Ovulation induziert. Allen in diesen Studien verwendten Fischen war aber gemein, dass sie aus der freien Natur stammten, unbekannten Alters waren und mittels Hormoninjektionen künstlich zum Ablaichen gebracht wurden. Somit ist die Übertragbarkeit dieser Studien auf den Zander nur eingeschränkt möglich.

Weitere Faktoren, welche die Sekretion von DHP beeinflussen können, sind u. a. soziale Faktoren. In männlichen Regenbogenforellen (*Oncorhynchus mykiss*) konnten erst erhöhte Mengen an DHP nachgewiesen werden, nachdem diese mit dem Nestbau begonnen hatten. Diesbezügliche Studien für Weibchen sind nicht verfügbar. Jedoch konnte während der Versuchsreihe eine hierarchische Ordnung der Tiere beobachtet werden, bei der die größeren Tiere (zumeist Weibchen) die vermeintlich besten Futterplätze einnahmen. Ob diese soziale Interaktion in Verbindung mit den gemessenen Konzentrationen an DHP stand, lässt sich mit dem derzeitigen Wissensstand nicht evaluieren. Anhand der vorliegenden Daten kann somit nicht bestimmt werden, ob DHP im Europäischen Zander das spezifische MIS ist.

4.3.2. Männchen

Effekte des PTB auf das Wachstum

Wie auch bei den Rognern, so zeigten auch die Milchner der Kontrollgruppe (23°C/12 H:12 D) eine Zunahme an Länge und Gewicht während der ersten 3 Monate. Ab dem 4. Monat konnten dann keine nennenswerten Wachstumsprozesse mehr festgestellt werden. Dies bestätigt die bereits diskutierte Abhängigkeit des Wachstums vom Alter der Fische (Ablak and Yilmaz, 2004; Lappalainen et al., 2005; Lappalainen et al., 2007). In Milchnern der Versuchsgruppen dagegen konnten keinerlei signifikante Wachstumserscheinungen registriert werden. Im Gegensatz zu den Weibchen blieb auch der Konditionsfaktor unbeeinflusst. Teletchea et al. (2009) konnten vergleichbare Beobachtungen bei Zandern machen. Durch das in seiner Studie verwendete Design konnte er klar zeigen, dass Tiere, die über ausreichend Fettreserven verfügten, kaum durch die Spermatogenese in ihrem K beeinflusst wurden. Selbst Milchner deren Fettreserven nicht ausreichten, kompensierten dies durch eine verstärkte Futteraktivität. Das bestätigt nochmals, dass das verwendete Futter, die angebotene Futtermenge und die Art der Fütterung der Tiere als optimal anzusehen ist und somit die Gametogenese positiv beeinflusste.

Effekte des PTB auf die mRNA-Expression der Gonadotropine

In allen Tieren der PTB-Gruppen konnte eine signifikante Erhöhung der mRNA-Expression von FSHβ sowie von LHβ, verglichen mit Tieren der Kontrollgruppe, ausgemacht werden. Es konnte jedoch kein Einfluss der Belichtungsdauer nachgewiesen werden. Diese Ergebnisse spiegeln die der Weibchen wieder. Generell scheint der Einfluss des Lichtes bzw. der Photoperiode bei männlichen wie weiblichen Zandern eher eine untergeordnete Rolle zu spielen. Es konnte die verschieden starke Erhöhung zwischen den Expressionsspiegeln von FSHβ und LHβ auch in den Milchnern beobachtet werden.

Effekte des PTB auf die Plasmakonzentrationen der Sexualsteroide

Auch in den Milchnern wurde ein behandlungsabhängiger Anstieg der Konzentrationen der Sexualsteroide sichtbar. Im Gegensatz zum Expressionsverlauf der Gonadotropine konnte eine Erhöhung der Androgene abhängig von der Belichtungsdauer festgestellt werden. Im Gegensatz zum 11-KT war der Konzentrationsverlauf des T wiederum klar biphasisch, mit einem Maximum während der Kühlphase und einem je nach Photoperiode im 5. Monat. Dabei wurden die Maximalwerte in Milchnern registriert, die einer längeren Belichtungszeit ausgesetzt waren. Vergleichbares wurde auch bezüglich des 11-KT beobachtet. Während ein leichter Anstieg der Konzentrationen während der Kühlphase verzeichnet werden konnte, sanken die Werte mit Beginn der PTB leicht ab und erreichten dann im 5. Monat zunächst Höchstwerte von 9,5 bzw. 11,9 ng/mL in der 12 H:12 D- und der 14 H:10 D-Gruppe. Nach einem erneuten Absinken stiegen zum Ende der Versuchszeit die Werte in den länger belichteten Gruppen stark an. Betrachtet man dazu die Verläufe der Konzentrationen von E2 zeichnet sich ein klares Muster der Reifung ab. Die E2-Werte stiegen in allen Gruppen nach Beendigung der Kühlphase bis zum Ende des Versuchs stark an. Dabei wurden die Höchstwerte von Tieren erreicht, die weniger lang belichtet wurden. Bemerkenswert, wenn auch schwer erklärlich, war der parallele Anstieg der E2-Spiegel in den Kontrolltieren, wie dieses schon im vorangegangenen Versuch beobachtet werden konnte.

Wie bereits erwähnt, reguliert besonders 11-KT im Milchner die Spermatogenese und Spermiation, während E2 antagonistisch wirkt (Kadmon, Yaron and Gordin, 1985; Lahnsteiner et al., 2006 Chavez-Pocho et al., 2007) (siehe dazu Diskussion 4.2.2.). Dieses deckt sich mit den zuvor gemachten Beobachtungen. Besonders in Milchner welche einer geringeren Belichtungszeit ausgesetzt waren, stiegen die E2 Konzentrationen zum Versuchsende, parallel mit sinkenden 11-KT-Spiegeln. Bei Milchnern deren Photoperiode länger war, war dieses Verhältnis genau umgekehrt. Dies deutet auf einen Effekt der Photoperiode hin, der nicht durch die Gonadotropine direkt reguliert wird. Inwieweit andere Faktoren zu diesen Beobachtungen beigetragen haben, kann nur spekuliert werden. Möglicherweise könnte Melatonin in diesem

Fall einen Einfluss auf die Steroidogenese ausgeübt haben (Migaud, Davie and Taylor, 2010). Dass Milchner eine von den Rognern versetzten bzw. verlängerten Reproduktionszyklus haben wurde bisher noch nicht wissenschaftlich betrachtet, ist aber z. B. vom Amerikanischen Zander (*Sander vitreus*) bekannt (Malison et al., 1994, Malison und Held, 1996). Da aber die Qualität der Spermien in der präsentierten Versuchsreihe nicht untersucht wurde, ist der Einfluss der stark erhöhten 11-KT-Werte auf diese nicht zu quantifizieren. Generell wurden spermierende Milchner bereits ab dem 5. Monat beobachtet.

4.3.3. Zusammenfassung

Durch die Veränderung der Photoperiode konnte eine moderate Beeinflussung der Gametogenese festgestellt werden. Zander, die einer kurzen Belichtungszeit ausgesetzt waren, zeigten generell niedrigere Steroidwerte als solche langer Belichtungszeiten. Kein nennenswerter Effekt konnte bezüglich der mRNA-Expression der Steroide beobachtet werden. Somit ist festzustellen, dass die Photoperiode in der Regulation der Gametogenese des Zanders eine untergeordnete Rolle spielt, diese aber beeinflussen kann.

5. Fazit

Der Europäische Zander ist ein beliebter Sport- und Speisefisch, der überdies im Zuge der Seenrestauration eingesetzt wird, um unerwünschte Fischarten und verbuttete Bestände zu reduzieren (Mehner et al., 2001; Zakes and Demska-Zakes, 2009; Hermelink et al., 2011). Um aber eine steigende Nachfrage bei gleichzeitig sinkenden Fangerträgen kompensieren zu können, war es unumgänglich neue Strategien der Produktion des Zanders zu entwickeln. Dafür mussten u. a. grundlegende Prozesse, wie die Füllung der Schwimmblase und die Umstellung der Ernährung der Larven auf kommerzielles Trockenfutter sichergestellt werden. Dieses konnte durch konzertierte Untersuchungen erreicht werden (Schulz et al., 2001, 2004a, b; Zienert and Wedekind, 2001; Knaus and Gallandt 2010; Knaus, 2010). Um jedoch wirtschaftlich arbeiten zu können und die Marktbedürfnisse je nach Nachfrage bedienen zu können, war es nötig von der konventionellen Produktionsform in Teichen und Netzgehegen Abstand zu nehmen und sich moderneren Formen der Hälterung und Reproduktion zuzuwenden. Durch zahlreiche Bemühungen der letzten Jahre wurden geschlossene Kreislaufanlagen konzipiert, die diesen Bedürfnissen Rechnung tragen. Besonders in der landgestützten Aquakultur ist dabei der Einsatz moderner Kreislaufsysteme eine zukunftsweisende Technologie, die eine nachhaltige Produktion nicht nur von Fischen, sondern auch von Algen und Krustentieren bei täglichen Wasseraustauschraten von unter 10 % ermöglicht. Solche Systeme bestehen zumeist aus einer bestimmten Anzahl von Hälterungsbecken, der nachfolgend eine physikalische (z. B. Sedimentfilter, Trommelsiebfilter) und biologische Wasseraufbereitung (z. B. Tropfkörper, Moving-Bed Filter) und ggf. eine Desinfizierung (UV-Bestrahlung oder Ozonierung) angeschlossen ist (Martins et al., 2010) (Abb. 38).

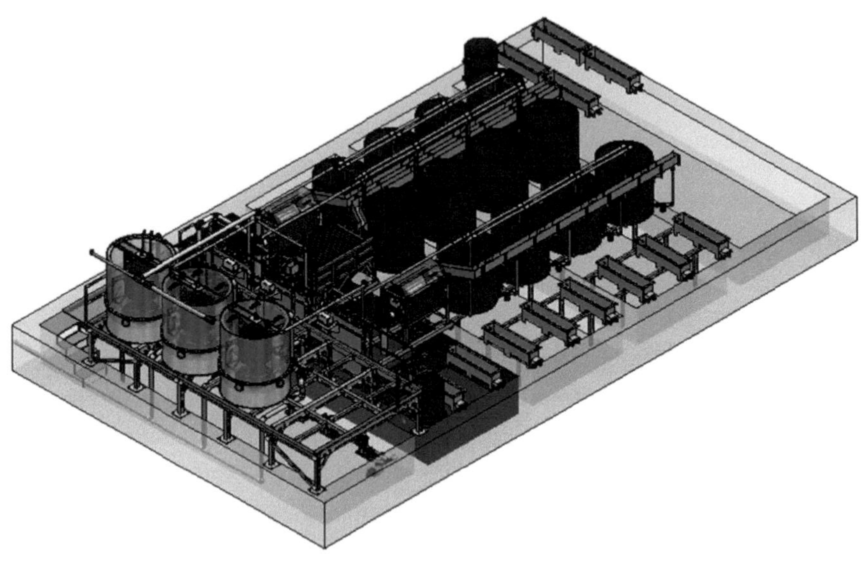

Abbildung 38: Darstellung einer modernen Kreislauf-/Aquaponikanlage, wie sie am IGB-Berlin betrieben wird (Skizze bereitgestellt von Spranger Kunststoffe GmbH).

Das so gereinigte Wasser kann dann wieder in die Hälterungsbecken zurückgeleitet werden. Eine entsprechende Wasseraufbereitung ist nötig, um anfallende Stoffwechselendprodukte (Ausscheidungen v.a. aus dem Proteinstoffwechsel) dauerhaft aus dem System zu entfernen. Schwebstoffe werden mittels rein mechanischer Reinigungsverfahren beseitigt. Hier kommen Lammellenabscheider, Siebtrommelfilter oder einfache Absetzbecken zum Einsatz. Die Schwebstoffe wiederum können im Anschluss eingedickt (Wassereinsparung) und in Biogasanlagen verwertet werden. Die biologische Aufbereitung des Wassers erfolgt durch Mikroorganismen, die optimale Bedingungen in den gut durchlüfteten Biofiltern und eine große Besiedlungsfläche vorfinden. Heterotrophe Bakterien verwerten die aus Futterresten stammenden Kohlenhydrate und Fette. Besondere Bedeutung kommt den nitrifizierenden Bakterien zu, die das beim Proteinstoffwechsel der Fische anfallende toxische Ammoniak in ungiftiges Nitrat überführen (Eding et al., 2006). Es gibt verschiedenste Biofiltersysteme, wobei Moving-Bed Filter, Rieselfilter oder Fließbettfilter zu den gängigsten zählen (Martins et al., 2010). Allen gemeinsam ist, dass in ihnen nitrifizierende Bakterien Ammoniak zunächst zu dem immer noch fischgiftigen Nitrit und anschließend zu dem lange als inert geltenden („ungiftig") Nitrat oxidieren (Eding et al., 2006). Da neuste Erkenntnisse Auswirkungen von Nitrat auf Fische belegen und Nitrat induziertes Algen- und Pilzwachstum den Geschmack (Offlavour) beeinträchtigen können (van Bussel et al., 2012), wird derzeit nach technischen Lösungen zur Nitratentfernung gesucht. Hierzu zählt:

1. Die mikrobiologische Denitrifikation unter Sauerstoffausschluss (van Rijn und Rivera, 1990).

2. Die Bildung von komplexen, organischen Bioaggregaten (BioFlocs) aus Algen, Pilzen und Bakterienfilmen, in denen Nitrat gebunden wird (de Schryver und Verstraete, 2009).

3. Die Nutzung von Nitrat als Dünger für die Aufzucht von Nutzpflanzen in Hydrokultur, sogenannte Aquaponiksysteme (Rennert et al., 2010).

Nur durch den Einsatz solch modernen Verfahren in der Aquakultur ist eine intensive Produktion von Zander unter kontrollierten Bedingungen, einhergehend mit der Schonung natürlicher Ressourcen, überhaupt erst denkbar und praktikabel geworden. Da solche modernen Systeme natürlich mit verhältnismäßig hohen Investitionskosten verbunden sind, kommen für die Produktion in ihnen nur hochpreisige Fische wie eben z. B. der Zander in Betracht. Anhand der vorliegenden Studie kann nun erstmalig die Reproduktion dieser Perciden in geschlossenen Kreislaufanlagen ganzjährig in Aussicht gestellt werden.

Wie anhand der Versuchsreihen gezeigt, sollten die Tiere dafür für eine Dauer von 3 Monaten auf 12°C gekühlt und danach auf 14°C temperiert werden. Zusätzlich kann eine verlängerte Photoperiode auf 14 H:10 D die Reifung positiv beeinflussen. Es ist also davon auszugehen, dass, wie in Abbildung 39 abgebildet, die Reproduktion des Zanders primär temperaturabhängig abläuft und die Photoperiode mehr der Feinjustierung dient.

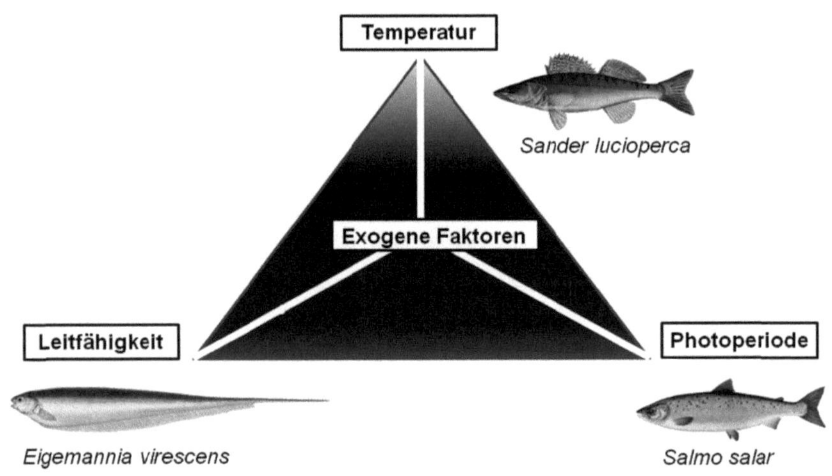

Abbildung 39: Exogener Faktoren (Temperatur, Photoperiode, Regen bzw. Dichteänderungen) als Taktgeber der Reproduktion verschiedener Fischarten.

Dieses konnte auch anhand der erstmalig detektierten mRNA-Expressionsspiegel der Gonadotropine und der Sexualsteroide deutlich gemacht werden. Besonders beachtenswert ist, dass Tiere die ungewollt in der Gametogenese induziert werden, durch eine reine Temperaturbehandlung wieder in der Reifung unterbrochen werden können. Dieses ist nach den Ergebnissen der vorliegenden Studie und nach Taranger et al. (2010) ein wichtiger Faktor, da Tiere in der Gametogenese stark in ihrem somatischen Wachstum eingeschränkt sind und darüber hinaus innerartliche Aggressionen ausbilden können. Diese können Bissverletzungen nach sich ziehen, die dann über Sekundärinfektionen zu einer erhöhten Mortalität und entsprechender

Schwächung des ganzen Bestands führen können (Skarstein, Folstadt and Liljedal, 2001; Taranger et al., 2010). Das Ausbilden derartiger Aggressionen ist nicht nur vom Zander bekannt, sondern auch von einer Vielzahl von Salmoniden, wie z. B. dem Atlantischen Lachs (*Salmo salar*) bekannt, aber auch beim Atlantischen Kabeljau (*Gadus morhua*) konnten solche Beobachtungen gemacht werden (Fleming, Lamberg and Johansson, 1996; Taranger et al., 2010).

Anhand der durchgeführten Versuchsreihen konnte entsprechend der ursprünglichen Fragestellung gezeigt werden, dass:

1. Eine Temperatur von 12°C nötig ist, um in noch nicht geschlechtsreifen Zandern die Pubertät auszulösen. Dies wurde belegt durch histologische Analysen, Messungen der mRNA-Expresssion der Gonadotropine und Sexualsteroide.

2. Eine Zeitdauer von 3 Monaten bei 12°C ausreichend ist, um die Pubertät in Zandern beiderlei Geschlechts auszulösen.

3. Nach der Induktion der Pubertät eine Temperatur von 14°C als ideal für eine fortlaufende Gametogenese anzusehen ist. Durch eine Hälterung bei höheren Temperaturen z. B. 18°C kann eine ungewollt ausgelöste Pubertät auch wieder unterbrochen werden.

4. Eine, parallel zur Temperierung auf 14°C, durchgeführte Veränderung der Photoperiode von 12 H:12 D auf 14 H:10 D die Gametogenese positiv beeinflusst.

5. Um die Reproduktion von Zandern in RAS zu gewährleisten, sind diese für 3 Monate bei 12°C und anschließend für 3 – 4 Monate bei 14°C zu hältern. Eine Anhebung der Photoperiode nach der Kühlphase von 12 H:12 D auf 14 H:10 D erscheint dabei förderlich. Um zu gewährleisten, dass Rogner und Milchner zur gleichen Zeit laichbereit sind, sollten die Gametogenese in Milchner einen Monat vor den Rognern induziert werden.

6. Durch das frühe Ansteigen der mRNA-Expression beider Gonadotropine, FSHβ und LHβ, wird die Gametogenese reguliert. Dies geht einher mit einem Anstieg der Sexualsteroide, wobei in Rognern auch ein Einfluss des 11-KT auf die Lipidaufnahme in die Oocyten zu vermuten ist. Es wurde dagegen kein Nachweis dafür gefunden, dass DHP eine Rolle in der Vitellogenese bzw. finalen Reifung einschließlich der Induktion des GVBD spielt. Neben dem temperatur- und z. T. photoperiodisch gesteuerten Anstieg der Androgene im Laufe der Spermatogenese der Milchner konnte auch für E2 ein charakteristischer Verlauf während der Reifung registriert werden. Dieses beweist, dass auch E2 wichtige Prozesse der Spermatogenese kontrolliert.

6. Schlussbetrachtung

Durch die vorliegende Studie konnte nicht nur ein Protokoll konzipiert werden, um Zander in RAS zu reproduzieren, sondern sie liefert auch zum ersten Mal vollständige Datenreihen über den Verlauf der Sexualsteroide während des gesamten Reproduktionszyklus. Entsprechende Datensätze sind für bisher nur sehr wenige Fischarten überhaupt verfügbar. Diese Daten können somit eine Basis für weiterführende Studien, z. B. über die genauen Mechanismen der 11-KT gesteuerten Lipidaufnahme in die Oocyten, liefern.

7. Referenzen

Abdulfatah, A., Fontaine, P., Kestemont, P., Gardeur, J.N., and Marie, M., 2011. Effects of photothermal kinetics and amplitude of photoperiod decrease on the induction of the reproduction cycle in female Eurasian perch *Perca fluviatilis*. Aquaculture 322: 169-176.

Ablak, O., and Yilmaz, M., 2004. Growth properties of pikeperch (*Sander lucioperca* (L., 1758)) living in Hirfanli dam lake. Turkish Journal of Veterinary and Animal Sciences. 28: 455-463.

Altschul, S., 1999. Hot papers - Bioinformatics - Gapped BLAST and PSI-BLAST: a new generation of protein database search programs by S.F. Altschul, T.L. Madden, A.A. Schaffer, J.H. Zhang, Z. Zhang, W. Miller, D.J. Lipman - Comments. Scientist 13: 15.

Amer, M.A., Miura, T., Miura, C., and Yamauchi, K., 2001. Involvement of sex steroid hormones in the early stages of spermatogenesis in Japanese huchen (*Hucho perryi*). Biology of Reproduction 65: 1057-1066.

Anderson, K., Swanson, P., Pankhurst, N., King, H., and Elizur, A., 2012. Effect of thermal challenge on plasma gonadotropin levels and ovarian steroidogenesis in female maiden and repeat spawning Tasmanian Atlantic salmon (*Salmo salar*). Aquaculture 334: 205-212.

Baer, J., Zienert, S., and Wedekind, H., 2001: Neue Erkenntnisse zur Umstellung von Natur- auf Trockenfutter bei der Aufzucht von Zandern (*Sander lucioperca*). Fischer und Teichwirt 7: 243-244.

Barry, T. P., Aida, K., Okumura, T., and Hanyu, I., 1990a. The shift from C-19 to C-21 steroid synthesis in spawning male common carp, *Cyprinus carpio*, is regulated by the inhibition of androgen production by progestogens produced by spermatozoa. Biology of Reproduction 43: 105–112.

Barry, T. P., Santos, A. J. G., Furukawa, K., Aida, K., and Hanyu, I. 1990b. Steroid profiles during spawning in male common carp. General and Comparative Endocrinology 80: 223–231.

Barry, T.P., Malison, J.A., Lapp, A.F., and Procarione, L.S., 1995. Effects of selected hormones and male cohorts on final oocyte maturation, ovulation, and steroid production in walleye (*Stizostedion vitreum*). Aquaculture 138: 331-347.

Barthelmes, D. (1988): Neue Gesichtspunkte zur Entwicklung und Bewirtschaftung von Zanderbeständen Teil II. Zeitschrift für Binnenfischerei 35: 12

Besseau, L., and Faliex, E., 1994. Resorption of unemitted gametes in *Lithognathus mormyrus* (Sparidae, Teleostei): a possible synergic action of somatic and immune cells. Cell and Tissue Research 276: 123-132.

Böhm, M., 2005. Untersuchungen zum Proteinbedarf juveniler Zander, *Sander lucioperca* (L. 1758) bei Nutzung von Trockenmischfuttermitteln. Bachelor-Arbeit HU Berlin

Brämick, U., Rothe, U., Schuhr, H., Tautenhahn, M., Thiel, U., Wolter, C., and Zahn, S., 1999. Fische in Brandenburg – Verbreitung und Beschreibung der märkischen Fischfauna. Ministerium für Ernährung, Landwirtschaft und Forsten des Landes Brandenburg und Institut für Binnenfischerei e.V. Potsdam-Sacow, 2. Auflage 1999.

Bräuer, G., and Emmerich, I.U., 2004. Hypophysierung von Laichkarpfen - Induktion der Laichreife bei karpfenartigen Fischen aus arzneimittelrechlticher Sicht. Deutsches Tierärzteblatt 5: 482-483.

Bromage, N., Jones, J., Randall, C., Thrush, M., Davies, B., Springate, Duston, J., and Barker, G, 1992. Broodstock Management, Fecundity, Egg Quality and the Timing of Egg-Production in the Rainbow-Trout (*Oncorhynchus-Mykiss*). Aquaculture 100: 141-166.

Bromage, N., Porter, M., and Randall, C., 2001. The environmental regulation of maturation in farmed finfish with special reference to the role of photoperiod and melatonin. Aquaculture 197: 63-98.

Campbell, B., Dickey, J., Beckman, B., Young, G., Pierce, A., Fukada, H., and Swanson, P., 2006. Previtellogenic oocyte growth in salmon: relationships among body growth, plasma insulin-like growth factor-1, estradiol-17beta, follicle-stimulating hormone and expression of ovarian genes for insulin-like growth factors, steroidogenic-acute regulatory protein and receptors for gonadotropins, growth hormone, and somatolactin. Biology of Reproduction 75: 34-44.

Carrillo, M., Bromage, N., Zanuy, S., Serrano, R., and Prat, F., 1989. The Effect of Modifications in Photoperiod on Spawning Time, Ovarian Development and Egg Quality in the Sea Bass (*Dicentrarchus-Labrax* L). Aquaculture 81: 351-365.

Carrillo, M., Zanuy, S., Blazquez, M., Ramos, J., Piferrer, F., and Donaldson, E.M., 1993a.Sex control and ploidy manipulation in sea bass. In: International Conference of Aquaculture 93, vol. 19. EAS Special Publications 512.

Carrillo, M., Zanuy, S., Prat, F., Serrano, R., and Bromage, N., 1993b. Environmental and hormonal control of reproduction in sea bass. Recent Advances in Aquaculture. Vol IV: 43–54. Edited by J.F. Muir and R.J. Roberts. Blackwell Scientific Publications,Oxford.

Carrillo, M., Zanuy, S., Prat, F., Cerda, J., Ramos, J., Mananos, E., and Bromage, N., 1995. Sea bass (*Dicentrarchus labrax*). In: Bromage, N.R., Roberts, R.J. (Eds.), Broodstock Management and Egg and Larval Quality. Blackwell Science, Oxford 138–168.

Carrillo, M., Zanuy, S., Prat, F., Cerda, J., Mananos, E., Bromage, N., Ramos, J., and Kah, O., 1995. Nutritional and Photoperiodic Effects on Hormonal Cycles and Quality of Spawning in Sea Bass (*Dicentrarchus-Labrax* L). Netherlands Journal of Zoology 45: 204-209.

Carrillo, M., Zanuy, S., Felip, A., Bayarri, M.J., Moles, G., and Gomez, A., 2009. Hormonal and Environmental Control of Puberty in Perciform Fish The Case of Sea Bass. Blackwell Publishing, Oxford 49-59.

Carrillo, M., Begtashi, I., Rodriguez, L., Marin, M.C., and Zanuy, S., 2010. Long photoperiod on sea cages delays timing of first spermiation and enhances growth in male European sea bass (*Dicentrarchus labrax*). Aquaculture 299: 157-164.

Chaves-Pozo, E., Liarte, S., Vargas-Chacoff, L., Garcia-Lopez, A., Mulero, V., Meseguer, J., Mancera, J.M., and Garcia-Ayala, A., 2007. 17Beta-estradiol triggers postspawning in spermatogenically active gilthead seabream (*Sparus aurata* L.) males. Biology of Reproduction 76: 142-148.

Corriero, A., Acone, F. Desantis, S., Zubani, D., Deflorio, M., Ventriglia, G., Bridges, C.R., Labate, M. Palmieri, G., McAllister, B.G., Kime, D.E., De Metrio, G., 2004. Histological and immunohistochemical investigation on ovarian development and plasma estradiol levels in the swordfish (*Xiphias gladius* L.). European Journal of Histochemistry 4: 413-422.

Craig, J.F., 2000. Percid fishes, systematics, ecology and exploitation, Blackwell Sciences, Oxford, UK 1-368.

Dabrowski, K., Ciereszko, R.E., Ciereszko, A., Toth, G.P., Christ, S.A., El-Saidy, D., and Ottobre, J.S., 1996. Reproductive physiology of yellow perch (*Perca flavescens*): Environmental and endocrinological cues. Journal of Applied Ichthyology-Zeitschrift fur Angewandte Ichthyologie 12: 139-148.

Davies, B., and Bromage, N., 2002. The effects of fluctuating seasonal and constant water temperatures on the photoperiodic advancement of reproduction in female rainbow trout, *Oncorhynchus mykiss*. Aquaculture 205: 183-200.

Davis, L.K., Hiramatsu, N., Hiramatsu, K., Reading, B.J., Matsubara, T., Hara, A., Sullivan, C.V., Pierce, A.L., Hirano, T., and Grau, G., 2007. Induction of three vitellogenins by 17beta-estradiol with concurrent inhibition of the growth hormone-insulin-like growth factor 1 axis in a euryhaline teleost, the tilapia (*Oreochromis mossambicus*). Biology of Reproduction 77: 614-625.

de Schryver, P., and Verstraete, W., 2009. Nitrogen removal from aquaculture pond water by heterotrophic nitrogen assimilation in lab-scale sequencing batch reactors. Bioresource Technology 100: 1162-1167.

Divers, S.L., McQuillan, H.J., Matsubara, H., Todo, T., and Lokman, P.M., 2010. Effects of reproductive stage and 11-ketotestosterone on LPL mRNA levels in the ovary of the shortfinned eel. Journal of Lipid Research 51: 3250-3258.

Duray, M., Kohno, H., and Pascual, F., 1994. The effect of lipid enriched brood-stock diets on spawning and on egg and larval quality of hatchery-bred rab-bitfish Ž*Siganus guttatus*. Philippine Scientist 31: 42–57.

Eding, E.H., Kamstra, A., Verreth, J., Huisman, E.A., and Klapwijk, A., 2006. Design and operation of nitrifying trickling filters in recirculating aquaculture: A review. Aquacultural Engineering 34: 234-260.

Endo, T., Todo, T., Lokman, P.M., Kudo, H., Ijiri, S., Adachi, S., and Yamauchi, K., 2011. Androgens and Very Low Density Lipoprotein Are Essential for the Growth of Previtellogenic Oocytes from Japanese Eel, *Anguilla japonica*, *In Vitro*. Biology of Reproduction 84: 816-825.

Fleige, S., and Pfaffl, M.W., 2006. RNA integrity and the effect on the real-time qRT-PCR performance. Molecular Aspects of Medicine 27: 126-139.

Fleige, S., Walf, V., Huch, S., Prgomet, C., Sehm, J., and Pfaffl, M.W., 2006. Comparison of relative mRNA quantification models and the impact of RNA integrity in quantitative real-time RT-PCR. Biotechnology Letters 28: 1601-1613.

Fleming, I.A., Lamberg, A., and Jonsson, B., 1997. Effects of early experience on the reproductive performance of Atlantic salmon. Behavioral Ecology 8: 470–480.

Fukui, R., Tahara, D., Hayakawa, Y., and Koya, Y., 2007. Annual changes in gonadal histology and serum profiles of sex steroids in kajika, *Cottus* sp. SE (small egg type), under rearing conditions. Japanese Journal of Ichthyology 54: 173–186.

Fulton, T. W., 1904: The rate of growth of fishes. Twenty-second Annual Report, Part III. Fisheries Board of Scotland, Edinburgh 141–241.

Garcia-Lopez, A., Bogerd, J., Granneman, J.C., van Dijk, W., Trant, J.M., Taranger, G.L., and Schulz, R.W., 2009. Leydig cells express follicle-stimulating hormone receptors in African catfish. Endocrinology 150: 357-365.

Gen, K., Yamaguchi, S., Okuzawa, K., Kumakura, N., Tanaka, H., and Kagawa, H., 2003. Physiological roles of FSH and LH in red seabream, *Pagrus major*. Fish Physiology and Biochemistry 28: 77-80.

Gomez, J.M., Weil, C., Ollitrault, M., Le Bail, P.Y., Breton, B., and Le Gac, F., 1999. Growth Hormone (GH) and Gonadotropin Subunit Gene Expression and Pituitary and Plasma Changes during Spermatogenesis and Oogenesis in Rainbow Trout (*Oncorhynchus mykiss*). General and Comparative Endocrinology 113: 413-428.

Hansen, T., Karlsen, O., Taranger, G.L., Hemre, G.I., Holm, J.C., and Kjesbu, O.S., 2001. Growth, gonadal development and spawning time of Atlantic cod (*Gadus morhua*) reared under different photoperiods. Aquaculture 203: 51-67.

Hassin, S., Claire, M., Holland, H., and Zohar, Y., 1999. Ontogeny of follicle-stimulating hormone and luteinizing hormone gene expression during pubertal development in the female striped bass, *Morone saxatilis* (Teleostei). Biology of Reproduction 61: 1608-1615.

Hassin, S., Holland, M.C.H., and Zohar, Y., 2000. Early maturity in the male striped bass, Morone saxatilis: Follicle-stimulating hormone and luteinizing hormone gene expression and their regulation by gonadotropin-releasing hormone analogue and testosterone. Biology of Reproduction 63: 1691-1697.

Heidrich, S., and Zienert, S., 2005. Aufzucht von Zandern in der Aquakultur. Schriften des Instituts für Binnenfischerei e.V. Potsdam-Sacrow (Hrsg.), Bd. 18: 60.

Hermelink, B., Würtz, S., Trubiroha, A., Rennert, B., Kloas, W., and Schulz, C., 2011. Influence of temperature on puberty and maturation of pikeperch, *Sander lucioperca*. General and Comparative Endocrinology 172: 282-292.

Hilge, V., and Steffens, W, 1996. Aquaculture of fry and fingerling of pike-perch (*Stizostedion lucioperca* L) - A short review. Journal of Applied Ichthyology-Zeitschrift fur Angewandte Ichthyologie 12: 167-170.

Hokanson, K.E.F., 1977. Temperature Requirements of Some Percids and Adaptations to Seasonal Temperature Cycle. Journal of the Fisheries Research Board of Canada 34: 1524-1550.

Ibanez, A.J., Peinado-Onsurbe, J., Sanchez, E., Cerda-Reverter, J.M., and Prat, F., 2008. Lipoprotein lipase (LPL) is highly expressed and active in the ovary of European sea bass (*Dicentrarchus labrax* L.), during gonadal development. Comparative Biochemistry and Physiology Part A - Molecular & Integrative Physiology 150: 347-354.

Izquierdo, M.S., Fernandez-Palacios, H., and Tacon, A.G.J., 2001. Effect of broodstock nutrition on reproductive performance of fish. Aquaculture 197: 25-42.

Kadmon, G., Yaron, Z., and Gordin, H., 1985. Sequence of Gonadal Events and Estradiol Levels in *Sparus aurata* (L) Under 2 Photoperiod Regimes. Journal of Fish Biology 26: 609-620.

Klinkhardt, M., 2010. Aquakultur Jahrbuch 2010/2011. Fachpresse Verlag

Kloas, W., Urbatzka, R., Opitz, R., Würtz, S., Behrends, T., Hermelink, B., Hofmann, F., Jagnytsch, O., Kroupova, H., Lorenz, C., Neumann, N., Pietsch, C., Trubiroha, A., Van, B.C., Wiedemann, C., and Lutz, I., 2009. Endocrine disruption in aquatic vertebrates. Annales of the New York Acadademy of Sciences 1163: 187-200.

Knaus, U., Jennerich, H.-J., Jansen, W., and Anders, E., 2008. Der Zander *(Sander lucioperca, L.)* – ein Kandidat für die Aquakultur. Fischerei und Fischmarkt 1: 37-41.

Knaus, U., and Gallandt, G., 2011. Reproduktion, Erbrütung, Anfütterung, Nahrungsumstellung und Haltung von Zandern (*Sander lucioperca*, L.). Mitteilungen der Landesforschungsanstalt für Landwirtschaft und Fischerei Landesamt für Innere Verwaltung Mecklenburg-Vorpommern 45: 71-85.

Knaus, U., 2010. Über die Bedeutung der frühen Ontogenese bei Zandern (*Sander lucioperca*, L.) als Physoklisten in der Aquakultur. Fischerei und Fischmarkt in Mecklenburg-Vorpommern 5: 35-41.

Knaus, U., 2012. Ertragssituation des Zanders (*Sander lucioperca*, L.) in der Fischerei 1950 - 2008, nach FAO Angaben. Fachinformationen der Landesforschungsanstalt für Landwirtschaft und Fischerei Mecklenburg-Vorpommern; Institut für Fischerei.

Kottelat, M., and Freyhof, J., 2007. Handbook of European Freshwater Fishes.

Kumar, R.S., and Trant, J.M., 2001. Piscine glycoprotein hormone (gonadotropin and thyrotropin) receptors: a review of recent developments. Comparative Biochemistry and Physiology Part B - Biochemistry and Molecular Biology 129: 347-355.

Kusakabe, M., Nakamura, I., Evans, J., Swanson, P., and Young, G., 2006. Changes in mRNAs encoding steroidogenic acute regulatory protein, steroidogenic enzymes and receptors for gonadotropins during spermatogenesis in rainbow trout testes. Journal of Endocrinology 189: 541-554.

Kwok, H.F., So, W.K., Wang, Y.J., and Ge, W., 2005. Zebrafish gonadotropins and their receptors: 1. Cloning and characterization of zebrafish follicle-stimulating hormone and luteinizing hormone receptors-evidence for their distinct functions in follicle development. Biology of Reproduction 72: 1370-1381.

Lahnsteiner, F., Berger, B., Kletzl, A., and Weismann, T., 2006. Effect of 17 beta-estradiol on gamete quality and maturation in two salmonid species. Aquatic Toxicology 79: 124-131.

Lang, I., 1981. Electron microscopic and histochemical investigation oft he atretic oocyte of *Perca fluviatilis* L. (Teleostei). Cell and Tissue Research 220: 201-212.

Lappalainen, J., Dörner, H., and Wysujack, K., 2003. Reproduction biology of pikeperch (*Sander lucioperca* (L.)) - a review. Ecology of Freshwater Fish 12: 95-106.

Lappalainen, J., Malinen, T., Rahikainen, M., Vinni, M., Nyberg, K., Ruuhijarvi, J., and Salminen, M., 2005. Temperature dependent growth and yield of pikeperch, *Sander lucioperca*, in Finnish lakes. Fisheries Management and Ecology 12: 27-35.

Lappalainen J, Milardi, M., Nyberg, K., and Venäläinen, A., 2009. Effects of water temperature on year-class strengths and growth patterns of pikeperch (*Sander lucioperca* (L.)) in the brackish Baltic Sea. Aquatic Ecology. 43:181–191.

Levavi-Sivan, B., Bogerd, J., Mananos, E.L., Gomez, A., and Lareyre, J.J, 2010. Perspectives on fish gonadotropins and their receptors. General and Comparative Endocrinology 165: 412-437.

Lokman, P.M., George, K.A., Divers, S.L., Algie, M., and Young, G., 2007. 11-Ketotestosterone and IGF-I increase the size of previtellogenic oocytes from shortfinned eel, *Anguilla australis, in vitro*. Reproduction 133: 955-967.

Lubzens, E., Young, G., Bobe, J., and Cerda, J., 2010. Oogenesis in teleosts: how eggs are formed. General and Comparative Endocrinology 165: 367-389.

M'Hetli, M., Ben Khemis, I., Hamza, N., Turki, B., and Turki, O., 2011. Allometric growth and reproductive biology traits of pikeperch *Sander lucioperca* at the southern edge of its range. Journal of Fish Biology 78: 567-579.

Malison, J.A., Procarione, L.S., Barry, T.P., Kapuscinski, A.R., and Kayes, T.B., 1994. Endocrine and Gonadal Changes During the Annual Reproductive-Cycle of the Fresh-Water Teleost, Stizostedion-Vitreum. Fish Physiology and Biochemistry 13: 473-484.

Malison, J.A., and Held, J.A., 1996. Reproduction and spawning in walleye (*Stizostedion vitreum*). Journal of Applied Ichthyology-Zeitschrift fur Angewandte Ichthyologie 12: 153-156.

Martins, C.I.M., Eding, E.H., Verdegem, M.C.J., Heinsbroek, L.T.N., Schneider, O., Blancheton, J.P., d'Orbcastel, E.R., and Verreth, J.A.J., 2010. New developments in recirculating aquaculture systems in Europe: A perspective on environmental sustainability. Aquacultural Engineering 43: 83-93.

Mateos, J., Mananos, E., Martinez-Rodriguez, G., Carrillo, M., Querat, B., and Zanuy, S., 2003. Molecular characterization of sea bass gonadotropin subunits (alpha, FSHbeta, and LHbeta) and their expression during the reproductive cycle. General and Comparative Endocrinology 133: 216-232.

Mehner, T., Schultz, H., Bauer, D., Herbst, R., Voigt, H., and Benndorf, J., 1996. Intraguild predation and cannibalism in age-0 perch (*Perca fluviatilis*) and age-0 zander (*Stizostedion lucioperca*) - Interactions with zooplankton succession, prey fish availability and temperature. Annales Zoologici Fennici 33: 353-361.

Mehner, T., Plewa, M., Hülsmann, S., and Worischka, S., 1998. Gape-size-dependent feeding of age-0 perch (*Perca fluviatilis*) and age-0 zander (*Stizostedion lucioperca*) on *Daphnia galeata*. Archiv für Hydrobiologie 142: 191-207.

Mehner, T., Bauer, D., and Schultz, H., 1998. Early omnivory in age-0 perch (*Perca fluviatilis*) - a key for understanding long-term manipulated food webs? Verhandlungen der Internationalen Vereinigung für theoretische und angewandte Limnologie 26: 2287-2289.

Mehner, T., Kasprzak, P., Wysujack, K., Laude, U., and Koschel. R., 2001. Restoration of a stratified lake (Feldberger Haussee, Germany) by a combination of nutrient load reduction and long-term biomanipulation. International Review of Hydrobiology 86: 253-265.

Meinhardt, U.J., and Ho, K.K., 2006. Modulation of growth hormone action by sex steroids. Clinical Endocrinology 65: 413-422.

Migaud, H., Fontaine, P., Sulistyo, I., Kestemont, P., and Gardeur, J.N., 2002. Induction of out-of-season spawning in Eurasian perch *Perca fluviatilis*: effects of rates of cooling and cooling durations on female gametogenesis and spawning. Aquaculture 205: 253-267.

Migaud, H., Fontaine, P., Kestemont, P., Wang, N., and Brun-Bellut, J., 2004. Influence of photoperiod on the onset of gonadogenesis in Eurasian perch *Perca fluviatilis*. Aquaculture 241: 561-574.

Migaud, H., Davie, A., and Taylor, J.F., 2010. Current knowledge on the photoneuroendocrine regulation of reproduction in temperate fish species. Journal of Fish Biology 76: 27-68.

Miranda, A.C.L., Bazzoli, N., Rizzo, E., and Sato, Y., 1999. Ovarian follicular atresia in two teleost species: a histological and ultrastructural study. Tissue and Cell 31: 480-488.

Miura, C., Higashino, T., and Miura, T., 2007. A progestin and an estrogen regulate early stages of oogenesis in fish. Biology of Reproduction 77: 822-828.

Miura, T., Higuchi, M., Ozaki, Y., Ohta, T., and Miura, C., 2006. Progestin is an essential factor for the initiation of the meiosis in spermatogenetic cells of the eel. Proceedings of the National Academy of Sciences of the United States of America 103: 7333-7338.

Müller-Belecke, A., and Zienert, S., 2008. Out-of-season spawning of pike perch (*Sander lucicoperca* L.) without the need for hormonal treatments. Aquaculture Research 39: 1279-1285.

Mylonas, C.C., Fostier, A., and Zanuy, S., 2010. Broodstock management and hormonal manipulations of fish reproduction. General and Comparative Endocrinology 165: 516-534.

Nagahama, Y., and Yamashita, M., 2008. Regulation of oocyte maturation in fish. Development Growth & Differentiation 50: 195-219.

Norris, D.O., 2007. Vertebrate Endocrinology. Academic Press. San Diego.

O'Donovan-Lockard, P., Sagil, G., Villcock, W., Hilge, V., and Abraham, M., 1990. Stimulation and inhibition of gonadal development in fish. In: Rosenthal, H., Sarig, S. (Eds.), Research in Modern Aquaculture. Proceedings of the Third Status Seminar, April 27–May 1, 1987, EAS Special Publications 11: 199–214.

Ozyurt, C.E., Kiyaga, V.B., Mavruk, S., and Akamca, E., 2011. Spawning, Maturity Length and Size Selectivity for Pikeperch (*Sander lucioperca*) in Seyhan Dam Lake. Journal of Animal and Veterinary Advances 10: 545-551.

Pankhurst, N.W., Van Der Kraak, G., and Peter, R.E., 1986. Effects of Human Chorionic-Gonadotropin, Des-Gly10 (D-Ala6) Lhrh-Ethylamide and Pimozide on Oocyte Final Maturation, Ovulation and Levels of Plasma Sex Steroids in the Walleye (*Stizostedion vitreum*). Fish Physiology and Biochemistry 1: 45-54.

Pankhurst, N.W., and Porter, M.J.R., 2003. Cold and dark or warm and light: variations on the theme of environmental control of reproduction. Fish Physiology and Biochemistry 28: 385-389.

Pfaffl, M.W., 2001. A new mathematical model for relative quantification in real-time RT-PCR. Nucleic Acids Research 29.

Philipsen A., 2008. Excellence fish: production of pikeperch in recirculating system In: Percid fish culture, from research to production (Eds) P. Fontaine, P. Kestemont, F. Teletchea, N. Wang, Presses Universitaires de Namur, Namur, Belgium, 67.

Pinillos, M.L., Delgado, M.J., and Scott, A.P., 2003. Seasonal changes in plasma gonadal steroid concentrations and gonadal morphology of male and female tench (*Tinca tinca*, L.). Aquaculture Research 34: 1181-1189.

Quiagen, 2006. RNeasy Mini Handbook.

Rennert, B., Groß, R., van Ballegooy, C., and Kloas, W., 2011. Ein Aquaponiksystem zur kombinierten Tilapia- und Tomatenproduktion. Fischer und Teichwirt 6:209-214.

Rohr, D. H., Lokman, P.M., Davie, P.S., and Young, G., 2001. 11-Ketotestosterone induces silvering-related changes in immature female short-finned eels, *Anguilla australis*. Comparative Part A - Molecular & Integrative Physiology 130: 701-714.

Ronyai, A., 2007. Induced out-of-season and seasonal tank spawning and stripping of pike perch (*Sander lucioperca* L.). Aquaculture Research 38: 1144-1151.

Salminen M., Ruuhijärvi, J., and Ahlfors, P., 1992 – Spawning of wild zander (*Stizostedion lucioperca* (L.)) in cages – In: Proceedings of the scientific conference Fish Reproduction '92 (Eds) Z. Adamek, M. Flajshans, Vodnany, Czechoslovakia: 42-47.

Schlumberger, O., and Proteau, J.P., 1996. Reproduction of pike-perch (*Stizostedion lucioperca*) in captivity. Journal of Applied Ichthyology 12: 149-152.

Schulz, C., Böhm, M., Wirth, M., and Rennert, B., 2007. Effect of dietary protein on growth, feed conversion, body composition and survival of pike perch fingerlings (*Sander lucioperca*). Aquaculture Nutrition 13: 373-380.

Schulz, C., Günther, S. Wirth, M., and Rennert, B., 2004a: Influence of diet and body composition of pike perch (*Sander lucioperca*) on survival during wintering. Biotechnologies for Quality. EAS Special Publication 32: 735-736.

Schulz, C., Knaus, U., Wirth, M., and Rennert, B., 2004b: Effects of dietary fatty acid profile on growth and lipid metabolism of juvenile pike perch (*Sander lucioperca*). Biotechnologies for Quality. EAS Special Publication 32:737-738.

Schulz, C., Gunther, S., Wirth, M., and Rennert, B., 2006. Growth performance and body composition of pike perch (*Sander lucioperca*) fed varying formulated and natural diets. Aquaculture International 14: 577-586.

Schulz, R.W., Liemburg, M., Garcia-Lopez, A., Dijk, W., and Bogerd, J., 2008. Androgens modulate testicular androgen production in African catfish (*Clarias gariepinus*) depending on the stage of maturity and type of androgen. General and Comparative Endocrinology 156: 154-163.

Schulz, R.W., de Franca, L.R., Lareyre, J.J., LeGac, F., Chiarini-Garcia, H., Nobrega, R.H., and Miura, T., 2010. Spermatogenesis in fish. General and Comparative Endocrinology 165: 390-411.

Scott, A.P., Sumpter, J.P., and Stacey, N., 2010. The role of the maturation-inducing steroid, 17,20beta-dihydroxypregn-4-en-3-one, in male fishes: a review. Journal of Fish Biology 76: 183-224.

Selman, K., Wallace, R.A., Sarka, A., and Qi, X.P., 1993. Stages of Oocyte Development in the Zebrafish, *Brachydanio rerio*. Journal of Morphology 218: 203-224.

Skarstein, F., Folstad, I., and Liljedal, S., 2001. Whether to reproduce or not: immune suppression and costs of parasites during reproduction in the Arctic charr. Canadian Journal of Zoology-Revue Canadienne de Zoologie 79: 271-278.

So, W.K., Kwok, H.F., and Ge, W., 2005. Zebrafish gonadotropins and their receptors: II. Cloning and characterization of zebrafish follicle-stimulating hormone and luteinizing hormone subunits--their spatial-temporal expression patterns and receptor specificity. Biology of Reproduction 72: 1382-1396.

Sulistyo, I., Rinchard, J., Fontaine, P., Gardeur, J.N., Capdeville, B., and Kestemont, P., 1998. Reproductive cycle and plasma levels of sex steroids in female Eurasian perch *Perca fluviatilis*. Aquatic Living Resources 11: 101-110.

Swanson, P., Suzuki, K., Kawauchi, H., and Dickhoff, W.W., 1991. Isolation and Characterization of 2 Coho Salmon Gonadotropins, Gth-I and Gth-Ii. Biology of Reproduction 44: 29-38.

Swanson, P., Planas, J., and Yan, L.G., 1995. An overview of the biological activities and receptors for salmon gonadotropin I and gonadotropin II. Aquaculture 135: 76.

Swanson, P., Dickey, J.T., and Campbell, B., 2003. Biochemistry and physiology of fish gonadotropins. Fish Physiology and Biochemistry 28: 53-59.

Taranger, G.L., Haux, C., Stefansson, S.O., Bjornsson, B.T., Walther, B.T., and Hansen, T., 1998. Abrupt changes in photoperiod affect age at maturity, timing of ovulation and plasma testosterone and oestradiol-17 beta profiles in Atlantic salmon, *Salmo salar*. Aquaculture 162: 85-98.

Taranger, G.L., Carrillo, M., Schulz, R.W., Fontaine, P., Zanuy, S., Felip, A., Weltzien, F.A., Dufour, S., Karlsen, O., Norberg, B., Andersson, E., and Hausen, T., 2010. Control of puberty in farmed fish. General and Comparative Endocrinology 165: 483-515.

Teletchea, F., Gardeur, J.N., Psenicka, M., Kaspar, V., Le Dore, Y., Linhart, O., and Fontaine, P., 2009. Effects of four factors on the quality of male reproductive cycle in pikeperch *Sander lucioperca*. Aquaculture 291: 217-223.

Tyler, C.R., Sumpter, J.P., Kawauchi, H., and Swanson P., 1991. Involvement of gonadotropin in the uptake of vitellogenin into vitellogenic oocytes of the rainbow trout, *Oncorhynchus mykiss*. General and Comparative Endocrinology 84: 291-299.

Tyler, C.R., Nagler, J.J., Pottinger, T.G., and Turner M.A., 1994. Effects of Unilateral Ovariectomy on Recruitment and Growth of Follicles in the Rainbow-Trout, *Oncorhynchus mykiss*. Fish Physiology and Biochemistry 13: 309-316.

Tyler, C.R., and Sumpter, J.P., 1996. Oocyte growth and development in teleosts. Reviews in Fish Biology and Fisheries 6: 287-318.

Tyler, C.R., Pottinger, T.G., Coward, K., Prat, F., Beresford, N., and Maddix, S., 1997. Salmonid follicle-stimulating hormone (GtH I) mediates vitellogenic development of oocytes in the rainbow trout, *Oncorhynchus mykiss*. Biology of Reproduction 57: 1238-1244.

Wang, N., Teletchea, F., Kestemont, P., Milla, S., and Fontaine, P., 2010. Photothermal control of the reproductive cycle in temperate fishes. Reviews in Aquaculture 2: 209-222.

Watanabe, T., Arakawa, T., Kitajima, C., and Fujita, S., 1984a. Effect of nutritional quality of broodstock diets on reproduction of red sea bream. Nippon Suisan Gakkaishi 50 Ž3. 495–501.

Watanabe, T., Ohhashi, S., Itoh, S., Kitajima, C., and Fujita, S., 1984b. Effect of nutritional composition of diets on chemical components of red sea bream broodstock and eggs produced. Nippon Suisan Gakkaishi 50 Ž3.503–515.

Watanabe, T., Itoh, A., Murakami, A., and Tsukashima, Y., 1984c. Effect of nutritional quality of diets given to broodstocks on the verge of spawning on reproduction of red sea bream. Nippon Suisan Gakkaishi 50 Ž6. 1023–1028.

Watts, M., Pankhurst, N.W., and King, H.R., 2004. Maintenance of Atlantic salmon (Salmo salar) at elevated temperature inhibits cytochrome P450 aromatase activity in isolated ovarian follicles. General and Comparative Endocrinology 135: 381-390.

Weltzien, F.A., Andersson, E., Andersen, O., Shalchian-Tabrizi, K., and Norberg, B., 2004. The brain-pituitary-gonad axis in male teleosts, with special emphasis on flatfish (pleuronectiformes). Comparative Biochemistry and Physiology Part A - Molecular & Integrative Physiology 137: 447-477.

Würtz, S., Gessner, J., Kirschbaum, F., and Kloas, W., 2007a. Expression of IGF-I and IGF-I receptor in male and female sterlet, *Acipenser ruthenus*-evidence for an important role in gonad maturation. Comparative Biochemistry and Physiology Part A - Molecular & Integrative Physiology 147: 223-230.

Würtz, S., Nitsche, A., Jastroch, M, Gessner, J., Klingenspor, M., Kirschbaum, F., and Kloas, W., 2007b. The role of the IGF-I system for vitellogenesis in maturing female sterlet, *Acipenser ruthenus* Linnaeus, 1758. General and Comparative Endocrinology 150: 140-150.

Würtz, S., and Hermelink, B., 2012. Pike Perch In Recirculation Aquaculture. Temperature Controls Gonad Maturation, Growth Performance. Global Aquaculture Advocate 4: 46-47.

Yaron, Z., Gur, G., Melamed, P., Rosenfeld, H., Elizur, A., and Levavi-Sivan, B., 2003. Regulation of fish gonadotropins. International Review of Cytology 225: 131-185.

Zakes, Z., and Szczepkowski, M., 2004. Induction of Out-of-Season Spawning of Pikeperch. Aquaculture International 12: 11-18.

Zakes, Z., 2007. Out-of-season spawning of cultured pikeperch [*Sander lucioperca* (L.)]. Aquaculture Research 38: 1419-1427.

Zakes, Z., and Demska-Zakes, K., 2009. Controlled reproduction of pikeperch Sander lucioperca (L.). A review. Archives of Polish Fisheries 17: 153-170.

Zienert S., and Wedekind, H., 2001: Erfahrungen bei der Umstellung von Zandern (*Sander lucioperca*) auf Trockenfutter. Fischer und Teichwirt 6: 202-203.

Zohar, Y., Munoz-Cueto, J.A., Elizur, A., and Kah, O., 2010. Neuroendocrinology of reproduction in teleost fish. General and Comparative Endocrinology 165: 438-455.

Publikationen

Peer-reviewed

Hermelink, B., Würtz, S., Rennert, B., Kloas, W., and C.Schulz, C, 2013. Influence of temperature on puberty and gonadal maturation of pikeperch. Aquaculture, 400 – 401, 36 – 45.

Hermelink, B., Würtz, S., Trubiroha, A., Rennert, B., Kloas, W., and Schulz, C., 2011. Influence of temperature on puberty and maturation of pikeperch, Sander lucioperca. General and Comparative Endocrinology 172: 282-292.

Hermelink, B, Urbatzka, R., Wiegand, C., Pflugmacher, S., Lutz, I., and Kloas, W., 2010. Aqueous leaf extracts display endocrine activities *in vitro* and disrupt sexual differentiation of male *Xenopus laevis* tadpoles *in vivo*. General and Comparative Endocrinology 1;168(2):245-55.

Kloas W, Urbatzka, R., Opitz, R., Würtz, S., Behrends, T., Hermelink, B., Hofmann, F., Jagnytsch, O., Kroupova, H., Lorenz, C., Neumann, N., Pietsch, C., Trubiroha, A., Van, B.C., Wiedemann, C., and Lutz, I. 2009 Endocrine disruption in aquatic vertebrates. Annales of the New York Acadademy of Sciences 1163: 187-200.

Valdivia N, Stehbens, J., Hermelink, B., Connell, S., Molis, M., and Wahl, M., 2008. Disturbance mediates the effects of nutrients on developing assemblages of epibiota. Austral Ecology 33: 951-962.

Non-Peer-reviewed

Würtz, S., and Hermelink, B., 2012. Pike Perch In Recirculation Aquaculture. Temperature Controls Gonad Maturation, Growth Performance. Global Aquaculture Advocate 4: 46-47.

Präsentationen

Hermelink, B., Würtz, S., Rennert, A., Kloas, W., and Schulz, C., 2009. Investigation on the endocrinological regulation of *Sander lucioperca* gonadogenesis influenced by exogenous factors Aquaculture Europe 2009. August 15-18, Trondheim, Norwegen (Poster).

Hermelink, B., Urbatzka, R., and Kloas, W. 2009. Aqueous leaf extracts display endocrine activities *in vitro* and disrupt sexual differentiation of male *Xenopus laevis* tadpoles *in vivo* ISAREN 2009, 6th International Symposium on Amphibian and Reptilian Endocrinology and Neurobiology 2009, Berlin, Deutschland (Oral).

Hermelink, B., Urbatzka, R., and Kloas, W. 2008. Endocrine activities of leaf extracts and their influence on the larval development of *Xenopus leavis* concerning sexual differentiation CECE 2008 - 24ht Conference of European Comparative Endocrinologists, Genua, Italien (Poster).

Hermelink, B., Würtz, S., Rennert, B., Kloas, W., and Schulz, C., 2011. Influence of temperature on puberty and maturation of the pikeperch, *Sander lucioperca*. Diversification in Inland Finfish Aquaculture, Pisek, Tschechien (Poster – Gewinner des Poster Preises 2011).

Hermelink, B., and Kloas, W., 2008.Possible influence of endocrine active substances on sturgeon reproduction in captivity. Sturgeon workshop 2008, Berlin, Deutschland (Oral)

EINZELSCHRIFTEN

Klaus Frank und Marco Patrizi
Nachhaltigkeitsaspekte im Marketing-Mix der Automobilindustrie
Lohmar – Köln 2014 ◆ 156 S. ◆ € 47,- (D) ◆ ISBN 978-3-8441-0350-2

Daniel Gavranović
Strategisches Controlling auf Basis quantifizierender Kalküle im Projekt- und Bereichsbezug – Produktprojekte und Standortalternativen als Objekte der Prognose und Vorteilhaftigkeitsanalyse
Lohmar – Köln 2014 ◆ 368 S. ◆ € 64,- (D) ◆ ISBN 978-3-8441-0353-3

Sven Seehausen
Kapitalstrukturentscheidungen in kleinen und mittleren Unternehmen
Lohmar – Köln 2014 ◆ 376 S. ◆ € 65,- (D) ◆ ISBN 978-3-8441-0354-0

Jan Klaus Tänzler
Corporate Governance und Corporate Social Responsibility im deutschen Mittelstand – Ein empirischer Vergleich mittelständischer Unternehmen mit unterschiedlichem Familieneinfluss
Lohmar – Köln 2014 ◆ 212 S. ◆ € 55,- (D) ◆ ISBN 978-3-8441-0355-7

Jürgen Dost
Arbeit, Führung und Gesundheit – Entwicklung, Überprüfung und Anwendung eines Acht-Faktoren-Modells gesunder Führung
Lohmar – Köln 2014 ◆ 420 S. ◆ € 67,- (D) ◆ ISBN 978-3-8441-0356-4

Verena Joepen
Ein datenbankgestütztes Vertragsmanagementmodell zur Entscheidungsunterstützung im Beschaffungsmanagement
Lohmar – Köln 2014 ◆ 228 S. ◆ € 55,- (D) ◆ ISBN 978-3-8441-0361-8

Björn Hermelink
Untersuchungen zur endokrinologischen Regulation der Gonadenreifung von Zandern *(Sander lucioperca)* durch exogene Faktoren zur kontrollierten Reproduktion bei Haltung in Warmwasserkreislaufanlagen
Lohmar – Köln 2014 ◆ 188 S. ◆ € 48,- (D) ◆ ISBN 978-3-8441-0363-2